住宅動線全解

從使用者、格局、隔間、尺度、形式，徹底解析動線規劃

i室設圈｜漂亮家居編輯部 著

目錄

CH1 動 線 設 計 原 則

動線設計形式 CH2

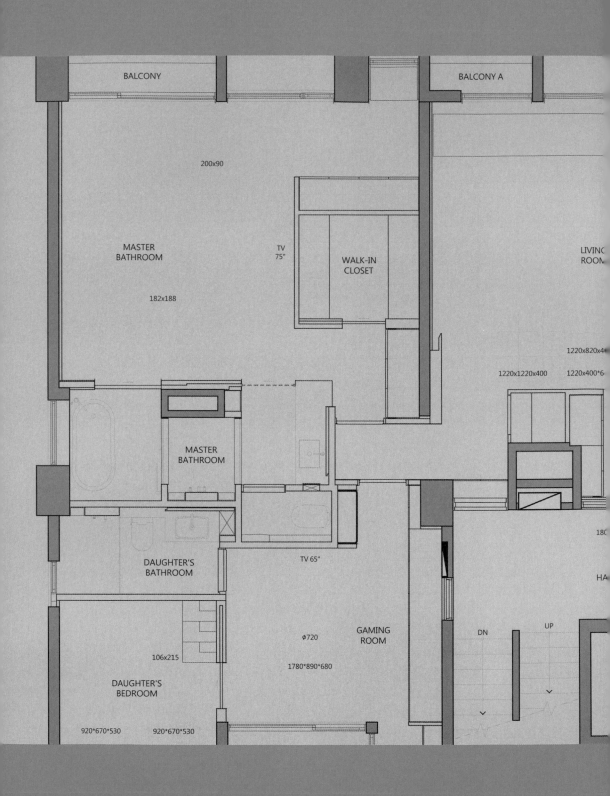

BALCONY

BALCONY A

200x90

MASTER
BATHROOM

TV
75"

WALK-IN
CLOSET

LIVING
ROOM

182x188

1220x820x4

1220x1220x400   1220x400*6

MASTER
BATHROOM

DAUGHTER'S
BATHROOM

TV 65"

180

HA

φ720

GAMING
ROOM

DN   UP

106x215

1780*890*680

DAUGHTER'S
BEDROOM

920*670*530   920*670*530

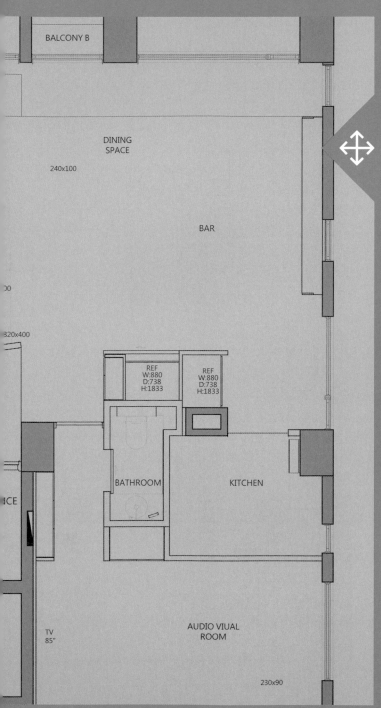

BALCONY B

DINING
SPACE

240x100

BAR

820x400

REF
W:880
D:738
H:1833

REF
W:880
D:738
H:1833

BATHROOM

KITCHEN

CE

TV
85"

AUDIO VIUAL
ROOM

230x90

圖片提供＿尚藝室內設計

CH1
⬄ 動線設計原則

動線規劃深深地影響著家庭成員的生活方式,如何判斷動線是否規劃得宜,可以模擬一日生活需要進出不同空間與區域的行走路程,由此來判斷是否受到阻礙?以便利生活為主要考量。以下將影響動線的元素一一列舉出來,並於規劃動線時考量進去。

使用者

1. 以使用者回家動作為思考點

一個空間的動線規劃必須將使用者的日常使用習慣納入考量,因此在設計居家動線時,通常會根據「隱密性」或者「使用頻繁度」來決定個別空間的位置,以及彼此之間的路徑方向。而空間中的使用者也會因角色的不同,而有行為模式上的差異,如何於空間中彙整所有家庭成員的生活動線便成了一大學問。

家事主要操持者動線

在思考動線設計時,無論是空間坪數大小,都需要避免過度複雜的路徑,盡可能減少進行家務時的來回走動,除了家中的格局設定會影響動線以外,大型傢具擺設也會影響行走的路徑與距離。在思考格局時,可以先設定出主要路徑,再以塊狀的邏輯分配個別區域,讓不同的空間都能經由主路徑以最短距離抵達。此外,大型傢具的擺設亦不宜將空間過度切割,以免行走動線過度曲折。

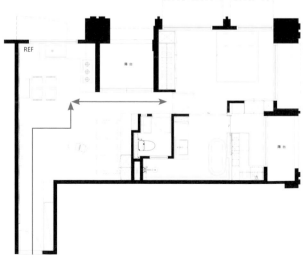

家務動線包含洗衣、做飯,以及打掃等活動,因此在設計廚房、廁所與陽台等公共區域時,以讓路徑簡短省力為首要考量。

圖片提供__十弦空間設計

孩子動線

在親子宅中，動線設計需同時考量孩子的需求，過往孩子的活動空間多會侷限於房間中，如今會鼓勵釋放更多孩子的活動空間，比如在公區域的動線上設置孩子的遊戲天地，亦可善用空間中的畸零區，並使其與餐廳、客廳等區域相連接，讓茶几或者餐桌具有多功能性，提供孩子們閱讀或者玩耍的空間，如此一來，也能增加親子間相處的機會。

對於孩子們而言，並未有明確的分區概念，因此在思考動線設計時，會建議採用開放式的手法，以及讓單一區域能有多功能性，讓大人與小孩的活動空間能彼此相容。

圖片提供＿蟲點子創意設計

長者動線

考量到家中長者的活動會日益不便，在設計動線時，長者的臥房不宜距離公共區域過遠，會建議將其主要活動範圍的路徑簡化，此外，也可以減少動線上會阻礙活動的大型傢具，並且於走道或者窗邊設置臥榻，作為中途休憩的空間。此外，考量到日後有使用輪椅或者助行器的可能性，走道寬度建議需有 80 ~ 140 公分為佳，並可於走道兩旁設置感應式地燈，提升安全性。

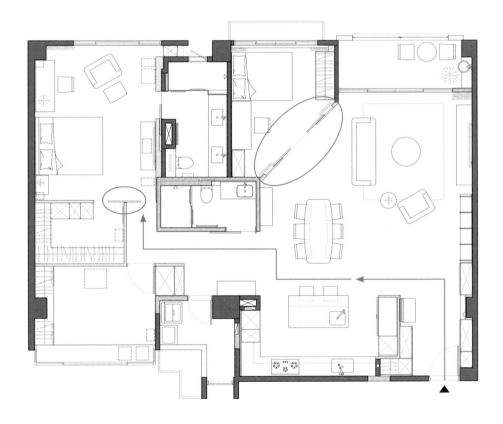

門片設計也會影響空間動線，在有長者的家中，會建議採用推拉門設計，可節省開門的半徑空間，減少行走路線的迂迴性。

圖片提供＿潤澤明亮設計事務所

三代同堂動線

此案的居住成員組成為三代同堂。玄關透過磁磚導出小斜面，銜接落塵區到室內，地面平緩避免跌倒，又達到落塵效果。廊道拉出 110 ～ 120 公分寬度，作為公領域動線核心，部分沒有遮蔽物，盡量讓尺度寬敞、開放，滿足小朋友活動需求。電視牆面向大門擺放，創造空間安定面，同時讓客、餐、廚區呈 L 型軸線，場域的連貫讓家人在公領域可各自行動，又能達到互動性。

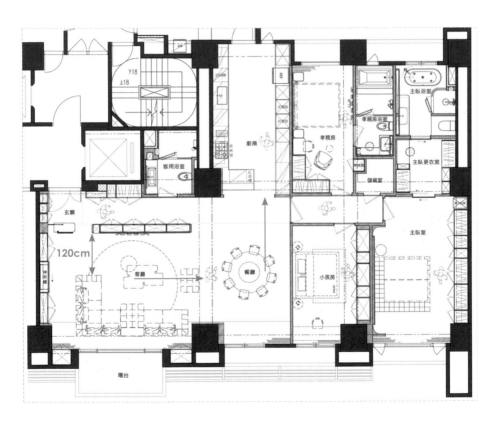

公領域是全家人最常待的空間，以開放式格局規劃，L 型動線格局串聯客餐廚區。

圖片提供＿欣磐石建築・空間規劃事務所

客、餐、廚區呈 L 型軸線，場域的連貫讓家人在公領域可各自行動，又能達到互動性。

圖片提供__欣磐石建築・空間規劃事務所

寵物動線

家庭型態改變，許多業主也將寵物視為重要的家庭成員，在規劃空間時將其一併納入考量，設計師為這個 2 人 4 貓的家庭，在水平面與垂直面都規劃了動線，公共區域將立面櫃體設計為貓咪們的通道，思考貓科動物喜好爬高的特性，使平面的動線與立面接軌。在書房與更衣室的立面設置開口，除了臥室房門外，又增添了兩段可往返公私領域間的路徑，讓整個家變成毛小孩的遊樂場。

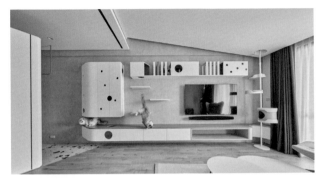

善用立面空間，以櫃體、貓跳台等元素組合，使動線能向立面延伸發展。
圖片提供＿太硯室內裝修有限公司

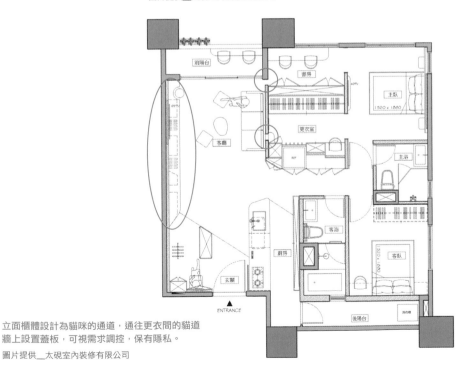

立面櫃體設計為貓咪的通道，通往更衣間的貓道
牆上設置蓋板，可視需求調控，保有隱私。
圖片提供＿太硯室內裝修有限公司

2. 找出家中不同使用者彼此交集點

空間中的動線可區分為主動線與次動線，主動線為居住者「進出」各區域的動線，而次動線則是各功能區被「使用」時的路線。一般來說，公區域會是所有家庭成員們經常匯聚的空間，同時也是接待訪客們的區域，因此在安排動線時，可將此種活動較為頻繁的區域，比如客餐廳……等，設置在主動線的前端，衛浴空間則可以設置於動線的中段，進而逐一配置私人空間，在路徑上便可避免反覆行走的情況。

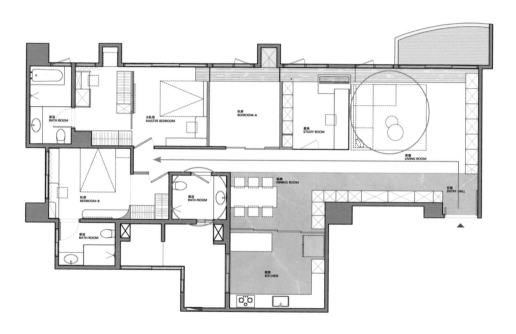

設計動線時，可先歸納出成員活動的交集點，依此為中心往外發散配置其餘空間，盡可能避免動線反覆交叉且迂迴，產生行走費時且相互干擾的情況。
圖片提供＿蟲點子創意設計

3. 以空間使用需求順序來安排動線

若以使用的「頻繁度」來考量，空間又可分為「動區」以及「靜區」，動區為公共領域，靜區則為私人領域，在安排動線時會建議動靜分區，比如客廳適合安排在最容易抵達之處，與玄關可以連成一線，餐廳則適合與廚房連結，並設置於臥房與客廳之間，依次建立起私密性的層次感，將最需要保持隱私的臥房設置於後端，如此便能達到動靜分區的效果，減少家庭成員進行不同活動時的相互干擾。

在設計動線時，可檢視家務動線、訪客動線與居住動線三者之間是否保持不相互交叉的原則，如此才能提高活動效率，並且維護個別空間的獨立性及臥房的隱私性。

圖片提供__蟲點子創意設計

格局

1. 不同格局下會產生哪幾種玄關？

玄關，賦予了進門後給人的第一印象，因此玄關可說是整體居家的門面與氣勢，加上其具備了實質面與視覺面等多元機能，進而讓玄關空間的規劃受到重視，在空間設計中成為相當重要的一環，當然，在配置安排上也須從多方面重點著手。而在不同格局下，大約會產生下面這幾種玄關：無玄關、緣廊玄關、有獨立外玄關、特長玄關、長窄形玄關等類型。

無玄關

小坪數住宅礙於空間限制，通常較沒有規劃玄關的餘裕，本案透過公私領域的安排劃分來輔助玄關的功能性，以客餐廳的交界處為分界，一側為餐廳、廚房、廁浴等，並以帶灰的冷色調呈現，另一邊的客廳、書房和主臥則轉為奶茶暖色調，明確的色彩線條切割，讓整體空間更加俐落明快。在入門左側規劃櫃體收納鞋子、汙衣、清潔家電等，並利用餐桌作為內外空間轉換的過渡，有效區隔內外場域，同時讓視覺得以一路延伸至窗外綠景，而餐椅也能依需求作為穿鞋椅，不犧牲玄關應有的功能性。

before

after

原始格局中並無玄關規劃，空間布局上如何兼具收納量體與功能動線是一大關鍵。

圖片提供＿齊思設計

以色調與材質差異劃分功能區域，特殊塗料的地坪從入口處延伸至室內，可進一步放大玄關落塵區的視覺尺度。

圖片提供＿齊思設計

有獨立外玄關

本案的一大優勢是擁有獨立的外玄關，室內得以保有完整空間來運用規劃，無須犧牲收納空間，然則也因為一進門即面電視牆，少了視覺上的緩衝，設計師反利用邊柱與樑創造牆面的線條落差，並選用特殊塗料突顯紋理，輔佐一盞鎢絲吊燈，為沙發背牆營造視覺亮點，引導從外移至室內的視覺動線，如同為晚歸家人留的一盞玄關燈，豐富空間表情也增添了家的暖意。

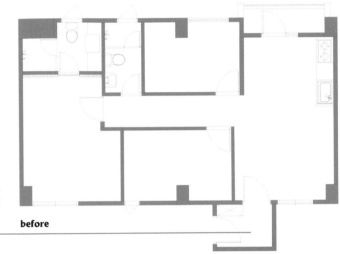

擁有獨立外玄關可利用，但缺乏與室內住宅的連結，收納空間亦不太足夠。

圖片提供__齊思設計

before

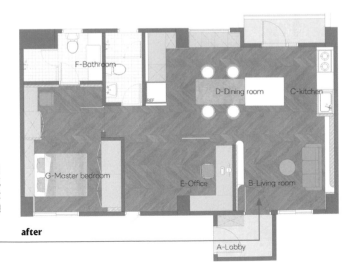

將玄關功能保留在外，室內透過設計語彙營造迎賓氛圍，而鞋子之外的收納需求則整併至餐廚區，保持客廳的開闊感。

圖片提供__齊思設計

after

015

緣廊玄關

這是間屋齡約 50 年的透天老屋，平時為阿公和阿嬤的生活空間，但每到假日兒女們便會帶著各自家人回老家，屋內活動人數從 3 人到 20 人不等，為了能讓全家老小舒適愉快地享受相聚時光，設計師擴大入口旁的方窗，援引日本緣廊概念，以架高木質長板連接室內臥榻，回字型動線放大孩子的活動空間，大人們可在此休憩談天，也一併解決老式透天常有的採光不足問題，而始於庭院、客廳到長輩房的這條軸線，讓長期臥床的阿公也能重拾戶外日光與空氣，進一步增進家人間的互動。

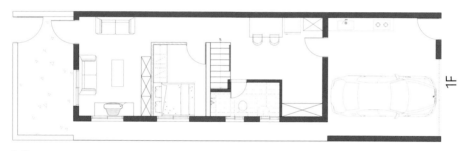

before

老式透天多為狹長格局，雖有獨立庭院兼玄關功能，但室內採光略顯不足，住宅缺乏整體性。
圖片提供__齊思設計

after

援引日式緣廊概念，化解採光面問題，回字形動線更加強室內外互動性。
圖片提供__齊思設計

緣廊玄關以格柵鐵窗拉門結合紗窗，解決蚊蟲與防盜疑慮。

圖片提供＿齊思設計　攝影＿林科呈

特長玄關

玄關是連通出入口與室內空間的緩衝區域，理想的玄關大小應於 1 坪以上，且走道寬度預留 90
公分以上為佳，而現今的房屋受限於基地大小以及基本格局所需，經常壓縮了玄關應有的寬度，
並且衍生出玄關過長的問題，導致行走動線迂迴且空間開闊度不足。狹長的玄關在設計收納上
亦有諸多不便，因此不妨釋放玄關空間，讓動線更加流暢，同時在視覺風格的設計與收納功能
的配置也能更加靈活。

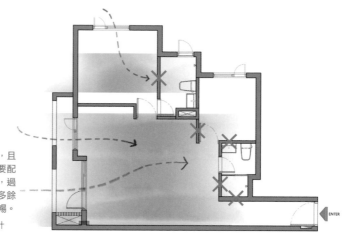

原有玄關長度接近三米，且
寬度僅有 90 公分，若要配
置鞋櫃會顯得侷促擁擠，過
長玄關也會讓空間帶來多餘
的轉角，導致動線不流暢。

圖片提供＿蟲點子創意設計

before

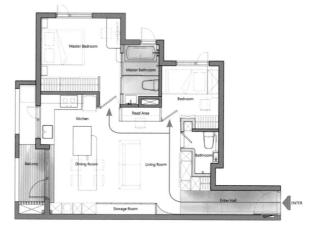

將客浴尺度縮小，預留深度
給玄關牆面，並於其中配置
電視櫃功能，兩相結合釋放
空間給公區域，並且也多出
足夠配置鞋櫃的空間。

圖片提供＿蟲點子創意設計

after

雙走道玄關

為了使貓咪有更多自由發揮的空間，設計師讓除了客臥之外的空間都可以相互串聯，考量入門後的左方還有足夠的空間，若設計封閉式更衣間恐壓縮空間感，因此選擇將櫃體置中，自然分隔出通往客廳的主動線，以及放置貓砂盆與外出衣物的區域，同時也形成副動線。

原始空間僅有單一動線，且缺乏收納機能，雙走道玄關讓空間利用更有效率。

圖片提供＿太硯室內裝修有限公司

雙走道玄關具有動線分流的功能，考量居住者的需求才能使主、次動線順暢。

圖片提供＿太硯室內裝修有限公司

長窄形玄關

本案在玄關動線上最大的特色在於狹長的空間配置，由於玄關左右皆被牆面包覆，化解長形空間容易帶來的侷促感成了首要關鍵。首先，設計師特意不將落塵區的地磚鋪滿，有效截斷長窄的空間走向，部分玄關地坪則透過一致的木地板材延伸至室內場域，放大視覺延伸性，並以此界定收納櫃體的功能，從進門方向依序劃分出鞋櫃、穿鞋坐榻與汙衣櫃等三區，完整玄關功能，出入動線也更加順暢。

before

after

雖有完整玄關，但過於窄長的格局，反而容易造成視覺上的壓迫感。

圖片提供＿掘覺空間設計

透過不同的地坪材質，縮減落塵區面積，進而化解視覺侷促感，讓動線更加順暢、開闊。

圖片提供＿掘覺空間設計

玄關與客廳利用不同地坪界定空間。

圖片提供＿掘覺空間設計

玄關動線規劃重點

01 考量居住者使用情境規劃出入動線

玄關是居住者每日出入都會通過的空間，考量可能會有兩個人同時進門的狀況，寬度應至少設於 110～120 公分以上，在出入時才不會顯得侷促。充足的收納空間也必須一併考量，像是放置出門物品的空間或是穿鞋椅、落塵區等設計均能讓使用者在生活上感到更加便利。

02 無玄關以物件或地坪劃分區域

多數小宅因為坪數限制，無法規劃出明確玄關，為了維持區域功能的動線流暢性，除了收納櫃體的安排，亦可藉由傢具物件（例如：餐桌）來製造內外空間轉換的緩衝，空間運用更加靈活，視覺也得以開展延伸，但記得櫃體與傢具間要保留至少 1.5 米的距離，避免過於擁擠。

03 獨立外玄關可加強內外空間連結

擁有獨立玄關的格局，可將功能動線集中整合於室外空間，占有功能性優勢，因此設計重點便落在從室外過渡到室內的銜接，如何做到視覺與風格的融合，依據住宅類型的不同，可透過物理上的動線連結，或是設計上的視覺引導，化解場域轉換的突兀感。

04 長窄玄關最大化空間優勢

長形玄關建議適當縮短落塵區，可有效消弭細窄印象，尺寸以略長於兩倍門寬的長度較佳，地坪材質則建議選用地磚、石材等較硬的耐磨素材；再來是動線的線性安排，鞋櫃、穿鞋區及汙衣櫃可依習慣調整順序，其中汙衣櫃至少預留三件厚外套空間，較符合實用需求。

05 玄關動線整理內外增加收納量

設立玄關動線的緩衝空間，可保有隱私性並營造回家放鬆氛圍。若坪數不大的套房類型，設立隔間玄關櫃體避開外界窺探目光，可收納也能遮掩一室凌亂，還能利用玄關區分內外動線，於陽台處收納雨傘與掃除用具。

06 善用玄關長度整合收納

將客廳電視牆的位置進行翻轉，轉移至由玄關進入室內的轉角牆面，並將玄關櫃與電視櫃體相互整合，讓收納區域統一隱藏於牆體內，避免可移動式的櫃體傢具干擾動線。玄關櫃體下方預留內凹處，可放置拖鞋、安全帽等物品，將玄關原有的狹長問題轉化為收納優點。

圖片提供＿蟲點子創意設計   圖片提供＿蟲點子創意設計

2. 不同格局下會產生哪幾種客廳動線？

由於小坪數當道，許多業主希望將客廳結合書房、餐廚，打造成開放式活動場域，然而，若要考量影音設備及沙發會客動線，客廳基本上還是有固定的配置邏輯。此外，客廳同時也是招待賓客的場所，代表著屋主和家人成員的個性喜好與生活品味，如何在提升坪效之餘同時展現風格，就成為十分重要的動線規劃關鍵。在不同的格局下，會產生以下幾種客廳動線。

開放式客餐廳

業主夫妻下班後喜歡在客廳進行攝影及其他休閒活動，有時也需做視訊會議，因此需要開闊的公共區域。原書房後方有一條內凸走道，陰暗沒有採光，讓書房空間不完整；將牆面拉直、打造木質書牆，側邊導弧形並以隱藏門串聯臥室；架高木地板從電視牆延續到窗邊至後方形成沿廊，乘坐窗邊可欣賞戶外景致，降低地坪高度增加開闊感。

原本書房後方有一條彎折廊道，銜接至臥室，幽暗無採光。

圖片提供＿十幸制作

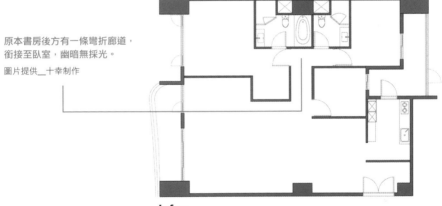

before

後方凸出來的更衣室空間往內縮，讓書房空間完整，公領域更開闊，動線更流暢。

圖片提供＿十幸制作

after

客廳與書房相連

從居住的開闊感和舒適度思考空間格局，夫妻倆活動區域仍以公共空間為主，因此為了要讓空間尺度更為寬敞，設計重點便在滿足業主需求之下擴增空間感，於是調整原本的三房格局，對調了沙發與電視牆的位置，將原本次臥規劃為書房，與客廳相鄰的牆面移除以開放式的櫃體隔間取代，讓後方的書房成為公共空間的一部分，整個空間的採光度也大為提升，從踏進門開始便能感受到空間的寬闊度；主臥隔間也稍作微調放大，使得睡床和開門式衣櫃之間能有足夠的空間可以使用。

業主希望家裡有書房，並且要預留一間小孩房，新居屋形方正但原始格局讓空間顯得不夠開闊。

圖片提供__成立室內設計

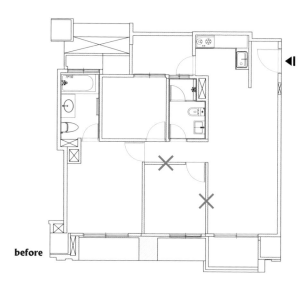

before

移除次臥隔間改以開放式的櫃體取代實體牆，不但能擴張整個公領域的視野，也界定公私領域。

圖片提供__成立室內設計

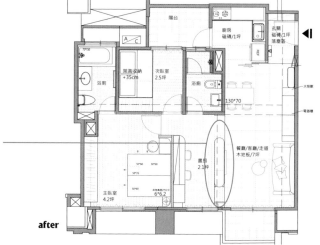

after

客廳與書房之間的開放式設計創造更多空間的使用可能性。

圖片提供__成立室內設計

客廳與書房相連且能合一

為了讓業主能有寬敞舒適的客廳，可以隨時和三五好友相聚，設計師將主臥之外的另一房打掉，調整動線將客廳從原先入口處移至落地窗前，整併成完整的活動空間並納入大面日光，接著利用小幅度地坪落差與間接光源界定出客廳的框景意象，最特別的是，導入萬向玻璃拉門，可彈性依家中人數變化或使用需求隔出書房或小孩房，最大化客廳空間的功能定義。

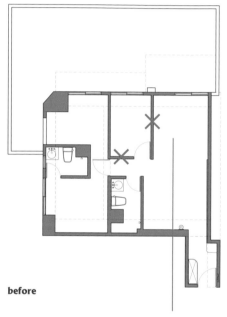

before

原始格局的客廳位在入口處，離家中最大的受光面很遠，空間尺度也因此受限。

圖片提供＿掘覺空間設計

after

重整動線將客餐廳對調，並將一房的實牆拆除，以間接光源暗示區域框景，結合萬向拉門，日後可隨時依需求調整空間功能性。

圖片提供＿掘覺空間設計

圖片提供＿掘覺空間設計

圖片提供＿掘覺空間設計

取消客廳改為超大書房

屋主入住後最常使用書房空間，客廳成為閒置空間。為符合屋主需求，思維設計去除電視隔間牆延伸書房範圍，讓大人小孩有各自工作與閱讀空間，並在窗戶旁天花設置投影布幕，保留使用影音設備的彈性。無法去除的柱體包覆磁性板作為記事留言板，也架設讓小孩玩耍的攀爬架，延伸至天花板後成為大人吊掛運動的器材，在此空間享有彼此陪伴的親密感。

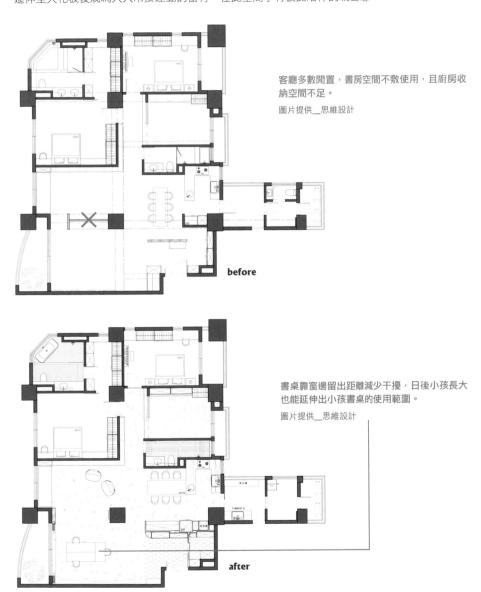

客廳多數閒置，書房空間不敷使用，且廚房收納空間不足。
圖片提供＿思維設計

before

書桌靠窗邊留出距離減少干擾，日後小孩長大也能延伸出小孩書桌的使用範圍。
圖片提供＿思維設計

after

客廳連結餐廳與瑜伽練習室

此案例原格局有 5 房配置，屋主家庭 4 人僅需使用原格局主臥、書房與兩間小孩房，考慮女屋主瑜伽老師的職業需求，鉅程設計利用客廳旁的一小房空間，打造出女屋主日常瑜伽練習室，利用電視牆營造出半私密空間，除可遮掩瑜伽練習需使用的掛繩、瑜伽球與瑜伽重訓設備的雜亂，不連續的上下與中間斷面，又可納入窗景光線達到採光目的。

before　↑ Entrance

房間數過多，且客廳旁的空間若完全隔斷會完全無採光。

圖片提供＿鉅程設計

after

利用電視牆開口動線順勢界定客餐廳領域，且不會干擾到家庭其他成員活動。

圖片提供＿鉅程設計

利用半虛實電視牆，打造專屬瑜伽練習空間。

圖片提供＿鉅程設計

客廳背後是客房

客廳後方銜接客房，取消隔間牆的設定，利用地坪的架高來界定內外場域；同時安排一道結合玻璃與木質的拉門，可彈性劃分空間。平時可將門扇收整道側邊牆面，客廳與客房形成一整個開放區；當需要使用客房時，可將整道拉門拉上，保有空間獨立性，門扇的玻璃材質，同時讓客房的光線能夠灑進客廳空間。

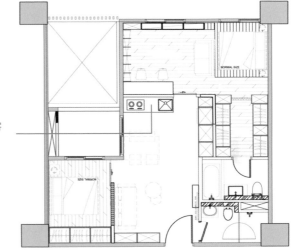

陽台落地窗被餐廳空間擋住，造成客廳採光不足，以及到陽台需穿越餐廳，動線不流暢。

圖片提供＿大丘國際空間設計

before

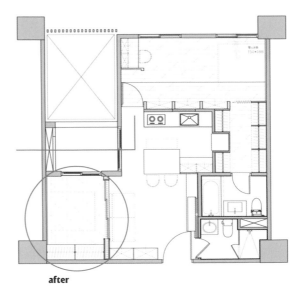

臥室入口改左側，整併餐廚區於右側，客廳與客房形成開放區，且可直接順暢走到陽台區，採光也充足。

圖片提供＿大丘國際空間設計

after

客餐廳、廚房合一

相當注重親子關係的夫妻，因為準備生第二胎，想要創造出一個能夠培養全家緊密生活感的空間，因應大片窗戶可引入採光，故採用樺木框起大片落地窗，架高的木窗框成為孩子隨坐隨玩的平台，並將小孩房牆面打通，形成一幅大型窗景，整體空間不僅更迎合北歐感；媽媽在廚房料理時能一眼看到孩子狀態，爸爸也能從客廳隨時參與孩子互動，或者加入料理時光。

客廳後方原有客房，在小孩子年紀小時父母無法從公共空間觀看到房間全景，故想要改成開放式空間。

圖片提供__爾聲空間設計

before

打掉牆面改成多功能空間，不僅保空間的可能性，拉開拉門時又能引入採光。

圖片提供__爾聲空間設計

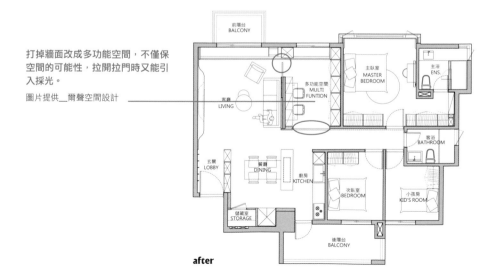

after

客廳動線規劃重點

01 客廳動線因應需求迎合設計

客廳，顧名思義是招待客人的大空間；若是朋友多、聚會多，即需加強連通客廳與廚房，此來招待時才能不因走動而被影響、阻斷對話。如果家人互動性高，以開放性高、串聯性佳的設計概念為重，傢具、家電擺放也應當靠邊，才能創造出較大的互動空間。

02 虛實電視牆可確立客廳動線

電視牆的位置除可確立客廳中軸線，也能利用其開口位置確立出動線通道，成為客餐廳領域的隱形界定。動線設計上需注意電視牆的開口攸關進出動線是否會干擾到觀賞電視。

03 客廳是各區動線的交集

客廳在居家空間中的定義為公領域，也就表示其相對於臥房、浴廁等空間更具公共性，是一個家的核心，因此在動線安排上客廳應作為必經的交集節點，透過物理上的交會，凝聚無形的情感。此外，視覺的延伸性也是設計重點，尤其如今小宅當道，透過光線、材質等線條延續性，都能有效放大空間的視覺量體。

04 開放式設計整併客廳動線與機能

透過開放式動線設計可以引光入室，整併機能。例如餐廚區中央隔著一條廊道，遮住陽台採光，客廳只能使用客房的窗戶光線，此時將客廳與餐廚集中為一區，方便屋主料理與用餐動線，陽台的採光也能灑進客廳。

05 客廳與書房結合，簡化動線

客廳與書房結合為大片閱讀與玩耍空間後，將原玄關牆位置退後，以鞋櫃與收納櫃的雙面櫃體代替擴大收納空間，順勢整理餐桌方向整合書房與餐廳動線。刻意不使用沙發以無定向懶骨頭代替，讓空間保有最大彈性。

圖片提供＿思維設計

3. 不同格局下會產生哪幾種餐廚動線？

作為下廚、料理烹調及用餐的動態場域，餐廚空間的動線相對重要，各式物品的收納是否方便取用，也成為實用性的關鍵，如果擺放動線凌亂，料理食物就容易顯得阻礙連連，用餐氣氛也大打折扣。在不同的格局下，會產生以下幾種餐廚動線。

可開放可封閉廚房

廚房為原有建商所配置，過度切割空間顯零碎，封閉式也阻擋光線入內。為改善此情況，設計者剔除廚房隔間，以雙走道形式打造通暢回字動線，不僅有足夠的空間收放各式電器設備，機能經過重新排列後，使用上也更顯便利；打開後的廚房與客廳整併，讓兩區域都能利用到，達到互動性也能互相分享空間感與明亮。原廚房隔間改以拉門、推門取代，平常不用時可完全展開，當料理需大火快炒時順勢將兩道門關起，瞬間保有廚房獨立性，也無須擔心油煙會溢散出去。

原廚房為封閉的 L 型形式，實牆區隔下阻礙受光面積，使用空間、動線也顯得侷促。

圖片提供＿ FUGE GROUP 馥閣設計集團

before

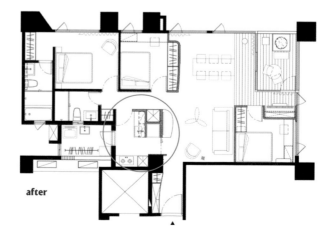

封閉廚房改為半開放，順勢與客廳整合，空間縱深瞬間延展，視覺更顯開闊。

圖片提供＿ FUGE GROUP 馥閣設計集團

after

廚房被打開後,每一處都被好好利用之餘,亦能沿
著回字動線環繞穿梭。

圖片提供__ FUGE GROUP 馥閣設計集團　攝影__李
國民空間攝影事務所

中島廚房

由於本案業主有養一隻大狗，原先的三房格局與位於中央的廚房配置，讓室內產生較多過道，活動空間過於狹窄，設計師遂拆除角落的一房，將臥房以外的區域整併，並將廚房移至靠近玄關處，開放式的輕食中島銜接餐桌，確保出入動線不會顯得突兀，而一字型的廚具規劃則讓視覺得以進一步延伸，提升空間的平整俐落。

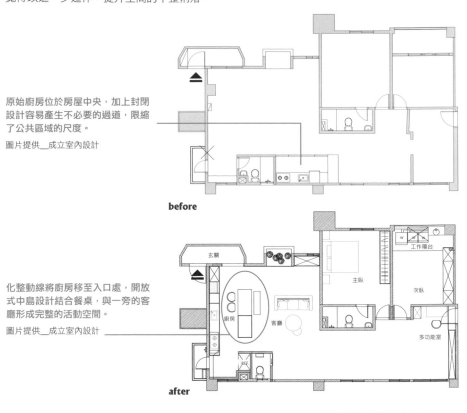

原始廚房位於房屋中央，加上封閉設計容易產生不必要的過道，限縮了公共區域的尺度。

圖片提供＿成立室內設計

before

化整動線將廚房移至入口處，開放式中島設計結合餐桌，與一旁的客廳形成完整的活動空間。

圖片提供＿成立室內設計

after

開放式的輕食中島銜接餐桌，確保出入動線不會顯得突兀。

圖片提供＿成立室內設計

廚房和玄關相連

3 房 2 廳 2 衛的空間規劃,雖僅 26 坪,但卻因為拆除隔間牆,串聯公領域空間,有放大視覺效果,不僅在情感連結上更加串聯家人彼此之間。此區廚房原本就設置於此,因業主有常下廚習慣,希望延伸檯面增加使用空間,但考量入門壓迫性問題,而採用玻璃磚引入光線,也讓玄關處不至於過度陰暗。

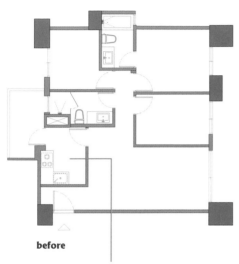

before

廚房使用空間較小,且採光僅倚賴與陽台連接的窗光,略顯陰暗。

圖片提供__參拾柒號設計

after

打通原與客廳連接的牆面,並延伸廚房空間增加檯面長度與後方電器櫃寬度,提供使用便利性。

圖片提供__參拾柒號設計

此案餐廚未設置明顯的用餐區,是考量業主使用需求而定。

圖片提供__參拾柒號設計

廚房和玄關相連

原格局廚房靠近大門且面積不大，無法收納各式廚房家電易顯得雜亂，為配合給排水與抽油煙機排煙管位置，日作空間設計以玄關隔間櫃體拉大廚房使用面積，也讓各式家電有棲身之處，維持空間舒爽乾淨，營造舒適入門印象，並巧妙在靠近陽台處設立半高窗，為廚房引光入室保持通風，消除陰暗逼仄的不適感。

入門即見廚房各式家電顯得雜亂，
且面積過小不敷使用。
圖片提供＿日作空間設計

before

設立隔間櫃體收納各式廚房家電，
遮掩雜亂並轉換回家氛圍。
圖片提供＿日作空間設計

after

利用玄關櫃增加收納，擴增廚房使用面積。
圖片提供＿日作空間設計

餐廚分開

因應此房為老公寓，移動用水區較麻煩，不過油煙區同樣保留在內部，加上業主本身即將成為新手媽媽，未來不僅有奶瓶消毒鍋的需求，若要抱著小孩開關廚房門也不方便，因此設計師往外增設餐廚收納櫃，其上直接預留消毒鍋位置，而中島吧檯增設收納與用電，招待客人時也能方便使用小家電。

老屋一字型廚房使用檯面小，加上需開門，對於有小孩的新手媽媽來說，使用便利性不高。

圖片提供＿爾聲空間設計

before

延續廚房櫃體往門外作出櫃體，不僅有門片增加隱藏性收納，又有檯面可擺放兼具展示性的家電。

圖片提供＿爾聲空間設計

after

餐廚回字動線

此案例原廚房使用面積過小，牆體隔間讓格局破碎，寬象空間設計以縮小玄關面積、爐檯轉向配合管道間設置中島，並打開一房、整合客餐廳開放格局，形成回字動線，使用上更具彈性。當業主夫妻接小孩回家後，女主人可在中島備餐，小孩到廚房水槽洗手並放置待洗餐具，男主人至冰箱幫忙取物或至後陽台開動洗衣程序，動線完全不打結。管道間壁面設置白板作為記事本，還能成為家庭間溝通橋樑。

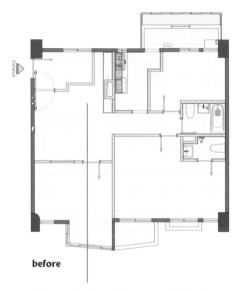

before

餐廳使用面積過小，玄關過大、公領域格局切割破碎。

圖片提供＿寬象空間設計

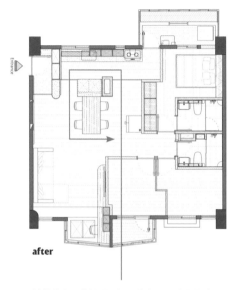

after

爐檯轉向配合管道間設置中島，形成彈性使用的回字動線。

圖片提供＿寬象空間設計

利用不可移動的管道間設置中島，形成餐廳回字動線。

圖片提供＿寬象空間設計

餐廚動線規劃重點

01 規劃雙動線，開闊廚房尺度

規劃廚房前，若想提升與家人之間的互動性，不妨適度拆除隔牆讓空間併入其他公領域，有效開闊場域尺度，動線與機能的呈現也較為不受限。拆除的實體牆改以可彈性開闊的推拉門取代，平時可作為半開放廚房，關上推拉門則能還原空間的獨立性。

圖片提供__成立室內設計

02 以玻璃磚串聯廚房引光入室

因應現今人飲食習慣改變，沖杯咖啡、做份早午餐、還是做份糕點，透過玄關串聯生活中重要的餐廚區，適合用餐習慣簡單或是以輕食為主的人。廚房與玄關可採用玻璃磚引入光線，讓廚房不至於過度陰暗。

03 餐廚動線考量實用與展示功能

現今即便不下廚、外食族人口多，但多功能小家電使用性多，像是氣炸鍋、咖啡機除了實用性外，也兼具展示美感，所以除了水區、油煙區外，可在外部與客廳連接處增設櫃體串聯實用性，中島則可以結合餐桌配置，當製作簡單料理如沙拉、氣炸料理調味後即可直接上桌。

04 先確定中軸線，後梳理小動線

規劃回字動線，首要確立大動線位置，再梳理各區動線，若人體工學尺寸與路徑不清楚，會造成動線交錯形成阻礙。

05 中島設於正確位置，才能又美又好用

中島是許多人的夢想廚房，除了外觀的設計，正確的動線定位是關鍵，與廚具設備離得過遠或過窄都不便使用，基礎考量以方便轉身為準，大約介於 80～100 公分之間為佳，定位完成再依據習慣選擇設備，才能讓廚房真正貼近生活。

06 了解水區位置才便於更動餐廚動線

廚房位置更動通常是件大工程，原因在於排水與供水取決於管線，故無法天馬行空任意更動，建議若需要中島區，可於購買預售屋時在客變階段調整，若是已成屋的話，則需適切與設計師溝通，安排有供水或僅有收納功能的中島。

4. 不同格局下會產生哪幾種浴廁動線？

浴廁屬於高度私密且個人化的空間，整體的使用機能配置與生活習慣息息相關，浴廁空間的型態以乾濕區為規劃基礎，主要分為洗手檯、馬桶乾區，以及淋浴空間或浴缸的濕區。規劃時洗手檯和馬桶需優先決定，剩餘的空間再留給濕區。在不同的格局下，會產生以下幾種浴廁動線。

從更衣間走入浴廁

日作空間設計整合主臥旁的更衣儲藏空間，放大主臥使用範圍，拆解衛浴四套組概念，將馬桶、洗澡淋浴完全分區，讓如廁與洗澡需無須互相遷就，增加使用最大彈性。浴間安排在對外窗邊，保持通風減少濕氣，洗手檯與化妝桌搭配更衣室使用，增加卸妝便利性。浴室馬桶給水集中在同一牆左右兩側，避免拉長管線造成日後漏水問題，並於牆面嵌入霧面玻璃為廁區引入光源。

before

主衛浴與更衣室相隔太遠，使用動線不順暢，
主臥格局也因此形成不方正格局。

圖片提供＿日作空間設計

after

整合更衣室與衛浴於一處，形成順暢動線，且
拆解衛浴套件，放大使用方便性。

圖片提供＿日作空間設計

洗手檯對面設立汙衣區，衣櫃利用抽屜減少濕氣侵入。

圖片提供＿日作空間設計

浴廁分離

原屋格局 19 坪，設有兩間全套衛浴，區隔兩衛浴處挾有一長形走道，在有限的坪數下，顯得彌足珍貴，加上夫妻自住，尚無育子，使用需求有限，崇尚自然與日式簡約，希望全室的流通能更具連貫性，特別喜愛日宅的浴廁分離，且同時滿足室內洗衣間的居住型態。

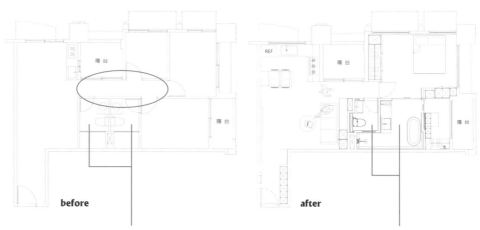

原格局衛浴不符合使用需求，兩衛浴間置有一走道，空間利用率低。

圖片提供__十弦空間設計

採浴廁分離，增加客廳與主臥空間，符合使用需求，空間連貫性佳。

圖片提供__十弦空間設計

改造後的空間相當於只保留一套衛浴功能，巧妙拆分為廁所與沐浴空間，為客廳爭取了更寬敞舒適的尺度，長寬約有 450×260 公分，足夠兩個人使用。

圖片提供__十弦空間設計

四間式浴廁

主臥延續公領域的萊姆石與鐵件當作設計主體，連通走入式更衣間與四間式浴廁，常見的衛浴空間集中所有設備於一間，尚藝室內設計特意將設施全部分開的好處在於，夫妻間若需要如廁時不會相互干擾，使用上的自由度與隱私性更佳。浴廁採用四間式設計，包含洗手檯空間、馬桶間、淋浴間、泡澡間，其中淋浴間開了兩扇門，想泡澡時能直接進入浴缸空間，泡澡結束後還能經由拉門回到臥房空間。

將兩戶打通，區分公私領域，重新規劃浴廁位置。

圖片提供＿尚藝室內設計

before

浴廁採用四間式設計，分成洗手檯空間、馬桶間、淋浴間、泡澡間。

圖片提供＿尚藝室內設計

after

浴廁動線規劃重點

01 浴廁分離注意給排水集中與保持乾燥

若要將更衣室整合於衛浴間旁需注意濕氣問題,若浴室無對外窗保持通風乾燥,濕區就需裝設暖風乾燥機,並有門可緊閉以降低濕氣逸出。留意給水跟排水管配置盡量集中,地板就不用墊高,降低進出危險。洗手檯若與化妝桌合併,需留意檯面跟椅子高度,因為洗手跟化妝的使用高度不同,而洗手檯跟掛衣區距離不要太近,避免濕氣造成衣物發霉。

02 高度掌握生活習慣,空間動線超流暢

二進式雙玻璃拉門區隔主臥、洗漱沐浴區與洗衣間,把洗衣間當作衛浴的從屬空間,從更衣、洗漱沐浴、洗滌衣物、晾曬摺疊,串聯起流暢的動線。主臥與浴室可採無障礙設計,以磁磚與木地板分野。

03 四分離浴廁增加使用自由度

浴廁通常會以洗手檯→馬桶→濕區規劃動線,但如果住宅坪數夠大,且希望能連通臥房與浴廁,可以將浴廁分成洗手檯空間、馬桶間、淋浴間、泡澡間,再經由拉門當作連通動線,可以增加使用上的自由度與隱私性。

圖片提供＿日作空間設計

5. 不同格局下會產生哪幾種臥房動線？

臥房中最主要的傢具是床，決定床的位置之後，只要有適當距離，櫥櫃擺放就不是難事。床位確定後，先就床的側邊與床尾剩餘空間寬度，決定衣櫃擺放位置，若兩邊寬度足夠，則要注意側邊牆面寬度；若不足，可能要犧牲床頭櫃等配置，床尾剩餘空間若不夠寬敞，容易因高櫃產生壓迫感。在不同的格局下，會產生以下幾種臥房動線。

臥房結合更衣室

本案基於業主實際使用需求將四房中古屋改為兩房格局，由於主臥面積相當充裕，設計師便將更衣室與臥房整併，將長形空間劃分為睡眠區、更衣區及浴廁三區，為避免複合式設計截斷了空間的整體性，首要保持動線的簡潔，捨去複雜的展示櫃、回字形布局，衣櫃材質也特別選用具通透性的擴張網鐵件，封閉式櫃體則沿牆面擺放，為臥房保留最大程度的視野優勢。

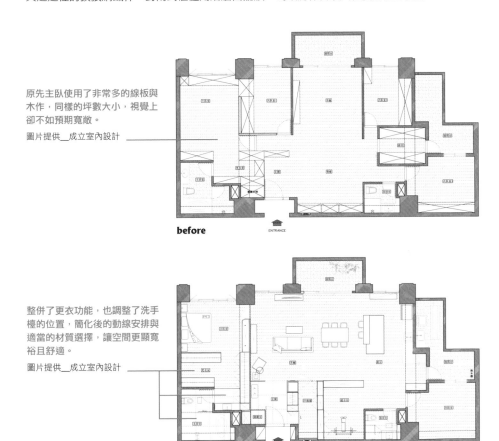

原先主臥使用了非常多的線板與木作，同樣的坪數大小，視覺上卻不如預期寬敞。

圖片提供＿成立室內設計

before

整併了更衣功能，也調整了洗手檯的位置，簡化後的動線安排與適當的材質選擇，讓空間更顯寬裕且舒適。

圖片提供＿成立室內設計

after

主臥增設更衣間

原主臥格局狹小，且進入動線曲折，主臥衛浴相對占據較大空間，生活空間變得狹小。思維設計將客臥牆體退後，整合進入更衣室與衛浴動線，讓家事動線清爽也順勢隔開睡眠區，減少曲折動線浪費的過道空間，放大主臥空間感。

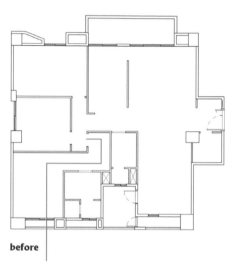

before

進入主臥動線曲折，且隔間牆位置造成走道空間過多。

圖片提供__思維設計

after

簡化動線後設置更衣室，半開放式空間搭配圓弧櫃體，減少動線的壓迫感。

圖片提供__思維設計

改善曲折動線造成的空間浪費，整合更衣室與衛浴，增加使用便利。

圖片提供__思維設計

雙走道主臥

原格局主臥空間狹小，加上主衛與寢室間的開門方向，導致原預留給衣櫃的空間明顯不足，因此，擺上一張雙人床後，衣櫃無處安放，走道也十分狹窄。將原主衛分給客衛與主臥，外移廚房的位置，創造完整的工作平台兼雜物儲物間。

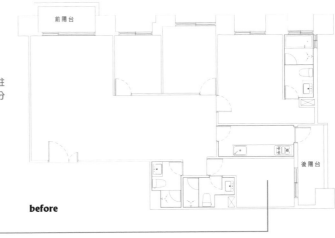

空間不足的主臥，雙人床進駐後，衣櫃無處安放，走道十分狹窄。

圖片提供__十弦空間設計

before

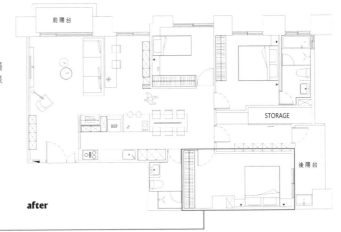

將床鋪置於主臥正中央，不僅擁有足夠寬敞的雙走道，還保有舒適的選衣收納空間。

圖片提供__十弦空間設計

after

長形主臥

長形的私領域格局,透過架高區整合臥室與書房功能,且利用懶骨頭彈性界定兩者場域,也滿足屋主閱讀的需求;內側低矮地坪形成廊道區,壁面以層板展示屋主書籍、蒐藏品,透過開放的櫃體形式,兼具風格展示同時讓空間更顯開闊。

before

after

書房與臥室為一整個空間,書房區過大,還有兩張書桌,不符合現階段使用。

圖片提供__大丘國際空間設計

利用架高木地板拉出廊道與私領域空間,書房調整為一張書桌、一個懶骨頭,依需求使用。

圖片提供__大丘國際空間設計

以架高地坪形成睡臥區與書房區。

圖片提供__大丘國際空間設計

臥房動線規劃重點

01 留下雙走道空間，選衣行走皆宜

將原主衛的空間釋出，加大客衛與主臥的使用坪數，使整體空間動線更加流暢。將床鋪置於主臥正中央，不只擁有足夠寬敞的雙走道，一旁還能置入整排衣櫃，讓主臥保有舒適的選衣收納空間。

02 臥房地坪整合領域機能，開闊自在

若是業主在私領域時間較長，加上閱讀需求多在書桌辦公。此時可以利用架高木地板取代床架，並串聯書房與睡眠區；入口安排遮擋牆，形成小玄關，於後方擺放書桌，可隨意坐在台階或懶骨頭區閱讀；壁面規劃展示櫃，陳列日本動漫、書、公仔模型。

圖片提供__成立室內設計

圖片提供__十弦空間設計

03 簡化動線，是複合式臥房的關鍵

當臥房面積充裕，複合式設計是更加有效率的室內規劃方式，但若沒有妥善安排動線，往往容易造成更多不便，因此首要避免讓動線變得曲折，以更衣室為例，簡約的櫃體安排使用上會更加順暢，同時要確保走道寬度，至少保留70公分以上，才不會窄化了空間尺度。

隔間（立面、門、櫃體）

1. 思考隔間的必要性

隔間並非必要設計，過度隔間反而會讓空間狹窄擁擠，因此設計者在設立隔間前須先思考隔間的必要性。此案例因應男業主需求，於玄關設立一座厚實如牆面的隔間櫃體，創造出左右兩邊不同目的之動線，左邊動線讓男業主下班後能直接前往家事間，換下身上髒汙衣物進行簡單清潔，再進入家居空間的防疫清潔路線，右邊則可直接進入客廳。因業主平日喜歡招待朋友在家聚會，櫃體後方設置客人來訪掛衣放包的矮櫃平台，並配置數個插座供客人手機充電，且客人不論從餐桌或客廳都能看到，也能讓客人放心，達到賓至如歸的貼心感。

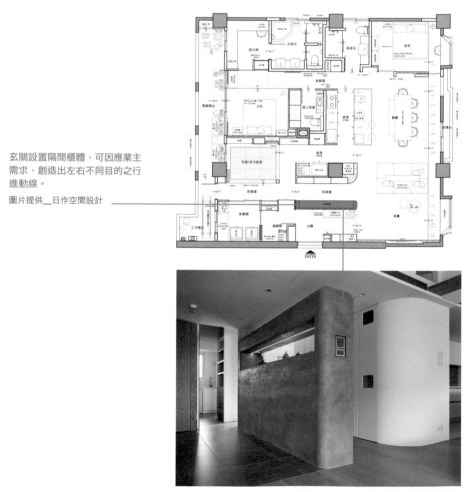

玄關設置隔間櫃體，可因應業主需求，創造出左右不同目的之行進動線。

圖片提供＿日作空間設計

圖片提供＿日作空間設計

2. 加減一道牆導致的動線差異

放大小坪數空間感，可利用牆面創造出虛實空間，以視覺斷裂效果製造出空間延伸的心理作用，也能利用增設牆面製造出公私領域的不同動線，惟須注意採光，不能因增設牆面造成室內陰暗。此案例為單面採光的 13 坪套房格局，鉅程設計將主臥與書房牆線整平設置於採光面，除減少畸零空間，也利用隔間牆上方玻璃磚為客餐廳引入自然採光。電視牆修飾開門見全室窘境，也巧妙隔出用餐空間，並順勢將家庭公私領域動線分開，若有訪客也能確保主客隱私，同時電視牆營造的視覺斷開虛實效果也能放大空間感，須注意這類隔間牆的面向大小與材質要符合空間氛圍，若設計不佳反而會造成視覺壓迫阻礙。

圖片提供＿鉅程設計

利用電視牆打造用餐空間，也能營造空間放大效果。
圖片提供＿鉅程設計

圖片提供＿鉅程設計

3. 運用拉門讓空間兼具機能

以拉門作為彈性隔間形式，一方面可以創造延伸動線，一方面也能創造空間使用靈活度，適用於長形基地或坪數不大的空間。此案例為長方形格局，若將臥室設置於離入口較遠的長邊後，家庭公領域中段位置會變得相當陰暗，日作空間設計利用拉門搭配多功能室，創造出十字動線，也為家庭公領域爭取到彈性空間。平時拉門敞開為餐桌區補光，也能拉大視野不顯室內狹窄，當朋友家庭來訪時，則自然形成爸爸們在客廳打電動、媽媽們在餐桌聊天、小孩們在多功能室玩耍的情景。主臥與小孩房利用暗門與拉門區別，降低存在感保有隱私。

多功能室搭配拉門保持空間彈性，
也為餐桌區引入光線。
圖片提供＿日作空間設計

圖片提供＿日作空間設計

4. 設置隔間又能兼顧開放視覺

以適當比例留出天地空間不完全封死的隔間牆體，讓室內空間保有隱私感也能兼具採光效果，若使用相同形式材質延伸至室內櫃體，還能製造出放大空間的效果。鉅程設計將此案例入門玄關以柱體為起點，連接上下鏤空波浪板延伸至到客廳柱體電視牆，此左右呼應設計除達到視覺平衡，隔絕門外好奇目光、保有家庭隱私之餘，還同時設置玄關鞋櫃空間。波浪門片採拉門形式減少空間浪費，150 平方公分的迴旋空間除可讓大型家電出入，中間櫃體的天地斷開比例拿捏得當，也讓玄關空間顯得大器。

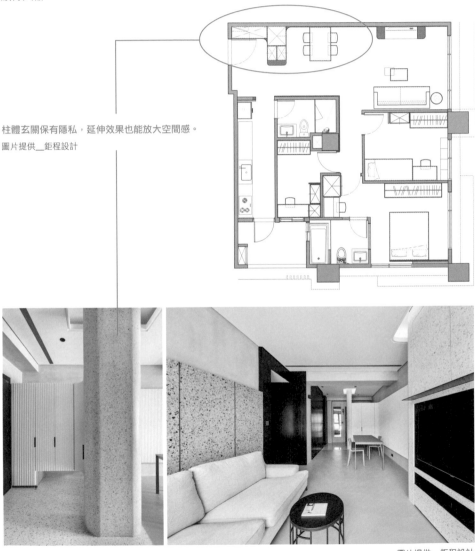

柱體玄關保有隱私，延伸效果也能放大空間感。

圖片提供＿鉅程設計

圖片提供＿鉅程設計

5. 彈性隔間取代固定隔牆創造靈活動線

25 坪以下的小空間，為了提升坪效與動線靈活性，彈性隔間是常見的設計元素。須注意的是，當住家左右寬度不足以容納門片尺寸時，可改採摺疊門片、收納於鄰近垂直壁面。本案為了劃分公私領域的關係，設計者在臥房與客餐廳之間設置一道隔間門。由於住宅內的主要光線來自於臥房，這道隔間門更近似於門簾，當業主在關閉開啟時，能夠讓光線與風透過門簾的開關流通。如果設置連動門片，門片只能收納在其中一側；如果不連動，門片能隨居住者喜好自行控制門洞大小。

當門片關起來時，光線可以從陳列櫃後面透出來；當門片打開時，陳列櫃後方好像有一面牆，業主能隨意拉動門片調節光線與空氣，並能完全收整於櫃體後方。

圖片提供＿決禾設計

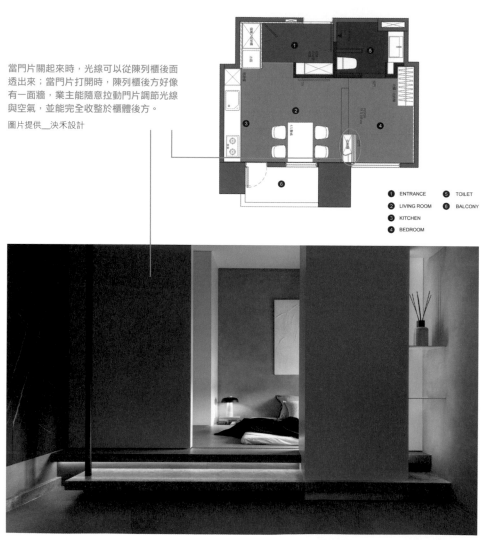

1　ENTRANCE 　　5　TOILET
2　LIVING ROOM 　6　BALCONY
3　KITCHEN
4　BEDROOM

圖片提供＿決禾設計　攝影＿ MD Pursuit

6. 以落地窗簾當作公私領域隔間

設計團隊大刀闊斧拆除 5 道隔間牆，將被分隔為 5 個空間的單層公寓整塑為單一開闊場域，讓 21.8 坪的室內空間一目了然。主臥、客廳、餐廚、燒烤區與室內陽台毫無隔閡、完美承接大面積落地窗的所有採光。僅以移動式拉門與半透光布簾等軟性元素就能隨需求營造包含觀影、客用次臥、家庭派對等數種模式，同步解決原先動線零碎、採光不足的問題。

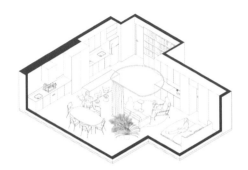 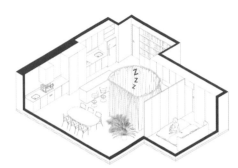

圖片提供__ Metamoorfose Studio

居家中心的布幔成為彈性動線的主角，體現開放卻不互擾的設計。

圖片提供__ Metamoorfose Studio

7. 落地隔間櫃讓動線變化自如

落地隔間櫃不僅能當作收納櫃體，嵌上下軌道更能為空間帶來運用自如的彈性。建築師針對 25 坪、一家四口的自宅注入的不僅是單純的開放概念，更進一步以 3 大活動隔間讓居家開展無數可能性，靈感來自圖書館密集式移動櫃的活動櫃體嵌入上下軌道，成功取代原先 3LDK 的制式劃分，除能配合家庭成員數量打造 1 ～ 4LDK 的房間數，3 座雙面櫃體更保有絕佳的收納量體，使全開放視野維持整潔。公私領域以波浪板拉門一分為二，長桌取代電視與沙發成為居家中心，成功形塑嶄新的家庭生活模式。

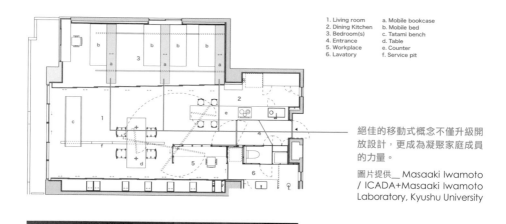

1. Living room
2. Dining Kitchen
3. Bedroom(s)
4. Entrance
5. Workplace
6. Lavatory

a. Mobile bookcase
b. Mobile bed
c. Tatami bench
d. Table
e. Counter
f. Service pit

絕佳的移動式概念不僅升級開放設計，更成為凝聚家庭成員的力量。

圖片提供__ Masaaki Iwamoto / ICADA+Masaaki Iwamoto Laboratory, Kyushu University

圖片提供__ Masaaki Iwamoto / ICADA+Masaaki Iwamoto Laboratory, Kyushu University
攝影__ Kono Yurika

8. 改變門的位置可改變動線

藉由改動門的位置或形式，不僅可以讓動線流暢，還能減少坪效浪費。此案原有的浴廁位置不在主動線上，隱作設計透過改掉衛浴空間的開口位置，從右邊移到中間，讓次臥與主臥共享同一動線進入浴廁。設計師建議能以 90×90 公分為一個單位，在配置平面時，如果發現住宅中有一處占有兩個單位，表示此處可能出現多餘的畸零空間，須盡量消除。

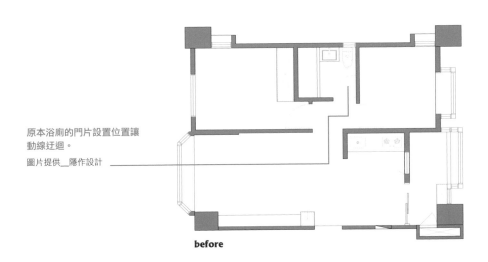

原本浴廁的門片設置位置讓動線迂迴。

圖片提供＿隱作設計

before

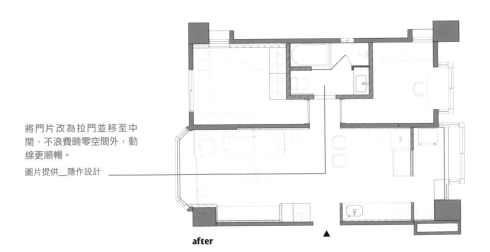

將門片改為拉門並移至中間，不浪費畸零空間外，動線更順暢。

圖片提供＿隱作設計

after

樓梯

1. 什麼樣的住宅可以設置樓梯？

樓梯可連接兩個垂直高度不同的空間，具有路徑的機能，在平面上亦能看作為服務空間，挑高的屋型、複層、夾層等不同的空間，可依據屬性與需求，選擇樓梯的樣式，在滿足基本的安全性、動線等需求後，也可透過不同的造型與材質選擇，為空間帶入藝術性。當一垂直空間必須做分層使用時，則需要藉由樓梯，作為連接 A 空間到 B 空間的路徑。過往的室內設計會認為樓梯算是服務空間或者次要空間，通常會在符合人體工學的條件下，被精簡到一定的尺寸，以節省空間，但隨著人的生活型態出現改變，生活的自由度獲得提升的同時，樓梯的存在也開始視需求調整造型與樣式。

挑高住宅

挑高的基地空間，通常具有景觀與採光的優勢，設計上可依據空間的尺度選擇不同造型的樓梯，不若平面空間因為面積有限，必須以節省空間的角度出發，若基地平面可容納旋轉梯的迴旋半徑，在空間中置入造型感十足的旋轉梯，除了扮演連結空間作為路徑的角色之外，更像是在空間中置入一個具有機能性的大型雕塑品，讓人留下深刻的印象。

旋轉梯線條有機，適用於挑高空間中，
可作為視覺主軸。
圖片提供＿ SOAR Design 合風蒼飛設計
╳張育睿建築師事務所

複層住宅

複層空間可視不同的需求，決定樓梯的形式，直梯、折梯或旋轉梯，則可視基地條件而調整，若路徑過長，選用直梯時必須考量安全性與舒適性；若空間許可，也可透過旋轉梯串聯上下空間；折梯是複層空間最常見的樓梯形式，曲折向上的路徑能最有效地節省梯體占據平面的空間，同時滿足路徑的功能，使平面能釋出更大的面積，擴增日常居住時實際使用的空間。

複層空間使用折梯可有效地垂直串聯空間，可節省量體占比，釋放更多空間。

圖片提供＿ SOAR Design 合風蒼飛設計 × 張育睿建築師事務所

2. 確保樓梯安全性與便利性

設置樓梯時，必須首要考量安全性與便利性，以及使用者的年齡進行規劃，若家中有長者或幼童，在樓梯級高的部分則須注意高度，以免造成使用上的負擔，路徑上也可增添扶手設計，方便使用者登步時，可藉扶手施力。空間的自然景觀、動線、面積，會影響到樓梯設置的位置，在通盤考量後，才能決定形式，達成便利性。

以直梯銜接空間，使夾層也能擁有不被阻擋的視野。

圖片提供＿ SOAR Design 合風蒼飛設計 × 張育睿建築師事務所

樓梯尺寸

樓梯設計首重安全性，基本的尺寸可參考「建築技術規則建築設計施工編」。樓梯級高、級深的尺寸，將會左右實際使用的感受，建築師張育睿指出，樓梯的級高平均約在 17 ～ 20 公分之間，若家中居住者有長者或是幼兒，可將選擇級高偏向 17 公分的尺寸，最高不應超過 22 公分，若超過在使用上對於每個年齡層來說都會感到吃力。樓梯的級深尺寸建議不要小於 26 公分，以確保踩踏時足部可完整地接觸梯面。

樓梯設計的尺寸必須依據居住者的年齡層或生活狀態而進行調整。

圖片提供＿ SOAR Design 合風蒼飛設計 × 張育睿建築師事務所

樓梯設置位置

樓梯的位置設定，在理出人與空間的關係後，動線就會自然而然的形成，接著再依據設計時希望突顯的特點，選擇樓梯設置的位置。建築師張育睿以住宅「華城山居」的平面圖為例，指出基地可看見大片的山景，為了引納自然景觀，選擇改變原有的動線，將樓梯改到另外一側，使平台的視野與一樓平行，可有效地突顯外部的自然空間。平台區域讓向上的動線一分為二，往右可前往平台區域，繼續往前則可通往二樓空間。

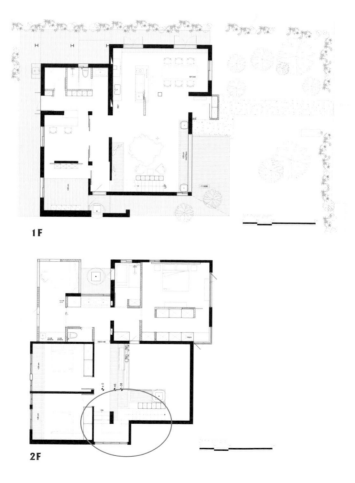

為了讓平台區也享有廣闊的視野，設計師調整動線，以直梯連結 1、2 樓空間。

圖片提供＿ SOAR Design 合風蒼飛設計 × 張育睿建築師事務所

3. 不同樓梯形式對於動線的影響

樓梯大致分為直線樓梯、轉角樓梯、弧形樓梯、旋轉梯等，不同的樓梯形式將左右路徑的長短。直線樓梯使動線一目了然，為避免走起來太吃力，每 9 ～ 10 階應設置可供人稍作停留的平台，使用上更為友善。轉角樓梯使向上的路線曲折，在轉折處會出現平台區域，增加路徑的長度。弧形梯與旋轉梯，可垂直連接空間，縮短路徑。

不同的樓梯形式將影響空間內路徑的長短。

圖片提供__ SOAR Design 合風蒼飛設計 × 張育睿建築師事務所

直線樓梯

直線樓梯的優點包括快速、動線距離短，但若樓梯很長，將會占掉很大的平面空間，連續陡上的階梯也具有危險性，建議在 9 ～ 10 階的距離（法規是高度每 3 公尺以內需設置一個平台，大約是 15 ～ 18 階左右）之後，設計緩衝平台，能提升使用上的安全性與舒適性。樓梯設置的位置，必須考量生活使用性，由於樓梯在空間中極具分量感，安排的位置將決定場域的開闊性。舉例來說，若希望客廳與廚房有所區隔，樓梯可以置中暗示不同的區域功能；但若希望客廳與餐廳結合，樓梯則可以在空間的前後，使整體空間看起來更完整。

不同材質，可轉換樓梯量體的視覺效果。
圖片提供＿太硯室內裝修有限公司

轉折樓梯

如果不是直梯，最常見的就是中設轉折平台的轉折樓梯，須注意的是，轉折樓梯設計往上的梯級，起始梯級應退一階，樓梯平台不得有梯級或高低差，樓梯上所有梯級的級高與級深應統一。此外，樓梯底板至其垂直下方，地板面淨高未達 190 公分部分，應設防護設施，可用格柵、花台或其他可作為提醒的設計。

轉折式樓梯是最常見的設計形式。

圖片提供＿陳嘉民建築空間設計

旋轉樓梯

不論是弧形樓梯或是旋轉樓梯，梯體本身的優雅曲線，相較起直線樓梯，能營造出雕塑感強烈的效果，適合較大的空間。設計旋轉樓梯時，必須評估平面空間是否足夠在容納梯體的迴旋半徑後，仍有餘裕不會使空間顯得壓迫。旋轉樓梯的視覺分量感十足，可選用鐵件作為結構體，一方面可確保樓梯的穩固性，同時也能縮小量體，讓視覺感受更加輕盈。

旋轉梯可垂直連接空間，縮短從 A 空間到 B 空間的距離。

圖片提供＿ SOAR Design 合風蒼飛設計 × 張育睿建築師事務所

燈光 & 地面

1. 運用燈光引導動線

除了串聯空間，留出走道使動線順暢之外，利用燈光也能在空間中起到「引導」的作用，可暗示通道的方向、公私領域的區隔。燈光具有指示作用，作用於空間引導上，可發揮加分的效果。空間中的天、地、壁皆可以設計運用，可藉由不同的位置、亮度、形式，發揮理想的效果，除了指明動線的方向性之外，也可發揮界定空間的功能，為空間增加層次感與豐富度。

天花板燈光

燈光的形式多元，在開放式的空間中，可藉由燈帶置放的位置區分空間，表明公私領域的區別，同時也指明了動線的路徑方向。本案基地空間大小為 13 坪，由於業主一人居住，設計師採開放式設計，沿著入門後通往客廳的空間設置燈帶，指引方向同時界定空間；水平方向也在私領域的天花植入燈帶，發揮閱讀燈的功能。

天花板上的燈帶與主動線平行設置，三五
好友前來時也能作為氛圍燈光使用。
圖片提供＿太硯室內裝修有限公司

立面燈光

在思考動線規劃時，也可以考慮融入立面燈光，立面燈光具有區隔空間、指示的效果，當然也可以依據業主的個性需求進行發揮，以此案為例，業主的職業為工程師，線性燈帶所呈現的未來感與其職業的特性不謀而合，在天、地、壁都使用燈帶所呈現的視覺效果，像是電腦視窗般的畫面感，為居住空間注入性格。

立面燈光設計時，應考慮產品材質所產生的光效。

圖片提供＿太硯室內裝修有限公司

地面燈光

當動線的路徑必須轉換、改變方向時,可利用地面燈光的變化,同時也作為間接照明,烘托居
家空間的氛圍,或是發揮夜間照明的功能,加強指示性,兼顧安全性。以此案為例,當公共空
間要經由樓梯連接至私領域時,設計師選擇將樓梯的台階延伸,形成窗邊的平台,為空間製造
一個可停留的角落,台階下方以燈帶框圍,利用光反射到地面的光暈作為指示與區隔,暗示地
坪高度的改變,指引前往臥房區域的路徑。

台階下方的燈帶,夜間時可發揮小夜燈的功能,單獨開啟也能營造 Lounge Bar 的慵懶氣氛。

圖片提供__太硯室內裝修有限公司

2. 改變地坪高度

動線將空間中不同的區域串起，藉由改變地坪的高度，則可突顯出不同區塊的功能性，並促使公私領域自動生成隱形動線。基地本身的條件，也可能是使地坪高度出現改變的因素之一，因此在設計動線時就必須考量使用者實際生活時的方便性與安全性。

降低地坪

本案原始屋型具有挑高 4 米的優勢，考量居住者僅有業主一人，故採開放式設計，將挑高的區域以夾層一分為二，上層作為臥房，下層則作為書房，隨著地坪下降也出現了通往書房與衛浴的動線，向下延伸的台階也運用烤漆鐵件，與通往夾層的樓梯相互呼應。

挑高空間置入夾層後，書房區域成為降低的地坪，公領域的踏階延伸至此成為書桌的檯面。

圖片提供＿＿太硯室內裝修有限公司

3. 地坪材質變化

透過掌握「材質」與「色調」兩大基礎關鍵打造協調開闊的場域，最常見的作法是，轉換地坪材質，如圖例所示，地坪採用木質卡扣地板，作為空間轉換的緩衝，接著藉由同色系樂土與磁磚建材，將視線引渡至以灰色座為主調的客廳。客廳與吧檯天花雖皆採實木皮，但仍透過不同紋理方向界定其功能。由此可知，設計者可依據每個空間的功能，藉由建材與色調，讓空間自然形成分界。

公領域不停交替使用冷暖建材與色調，創造豐富視覺層次。
圖片提供__維度空間設計

動線規劃首要注重三大重點：1.動線連貫、2.機能重疊、3.空間共享。若能設計出在一條動線上有效率地完成許多事情，就能為屋主爭取到空間與時間餘裕，滿足屋主對住家機能或理想的各種需求，是動線設計最主要達到的目標與宗旨。

以隱密性及需要性來考量

先將每個空間，依照希望出現的順序來規劃，而這個順序大致以隱密性及穩定性作為衡量，如客廳是用來接待朋友，那客廳必須安排在玄關進來第一個位置，而不會安排在經過臥房及書房位置，一來可以減少來訪的客人行經不必要的動線，二來不會破壞其他空間的私密性。圖例中的業主從事航運業，每次工作會有長達 2～3 年的期間離家，居住狀況則有父母親友借住或同時在此空間等不同情境。因坪數不大，室內格局採開放式規劃，日作空間設計利用鏤空電視牆界定玄關內外，讓入室動線一分為二，以左右動線劃分主客區域，一邊通往客廳與主臥，另一邊則通往廚房與客臥，雙動線設計符合各種居住情境，若主客同時在此空間內進出則可互不干擾，活動領域也因左右擺放保持適當隱私。

鏤空電視牆打破坪數限制，切分主客動線保有各自隱私。　　　　　　圖片提供__日作空間設計

1. 家務動線該如何規劃

家務動線應避免來回重複造成體力浪費，規劃時以業主生活習慣出發，動線流暢可增加效率，例如冰箱離水槽不遠，方便沖洗料理；儲藏室靠近玄關，減少搬運距離以達到省力效果。餐廚區配置考量業主烹調習慣，動線順暢還能提高安全性、降低潛在危險，例如餐廳靠近廚房便可降低上菜燙傷機率。備餐區並不一定侷限在水槽與爐灶之間，可增設材質耐汙、耐水、耐熱的中繼站（如中島、吧檯）作為廚房延伸，若用餐位置離廚房稍遠，還可輔助廚房功能，協助餐前準備。

2. 居住動線該如何規劃

規劃居住動線時，先以要完成事情之目的來分類，哪些事情需要比較長時間不要被打擾，哪些事情只是經過一下完成就可離開，例如用餐時間需時較長，餐桌旁的走道動線不能太窄，避免打擾用餐情緒；小孩唸書要專心，書桌就安排在非人來人往的角落或動線盡頭，但備餐看食譜也是看書，卻不必考量是否需要安靜獨處的角落，拿鑰匙、口罩這些做完就離開的事情，則可放在動線經過的途中比較順暢，規劃時以流程思考，即可避免動線打結的情況。

3. 訪客動線該如何規劃

規劃訪客動線應先探究業主對訪客在意之處，以動線來滿足業主待客之道，若規劃不佳，會造成主人不安、客人尷尬。有些業主不希望訪客看到家中雜亂或私領域被窺探，設計上以客衛遠離臥室的動線，或將客廳、餐桌與廁所這三個位置遠離私領域入口，即可滿足業主安全感。有些業主希望客人來訪時能輕鬆自在，若能在玄關靠近客、餐廳視線所及之處，設置客人掛放外套包包的櫃體，甚至是手機充電平台，讓客人可以看照私人物品，心理上更有安全感，也顯示出主人希望賓至如歸的貼心之處。

—— 家務動線

—— 訪客動線

—— 居住動線

依照業主生活習慣與工作流程來設計動線，越流暢越能換取生活餘裕與工作效率。

圖片提供＿日作空間設計

主、次動線的規劃安排

主動線是聯繫各區域的主要路線，像是從玄關到客廳、客廳到餐廳、餐廳到廚房、臥室到衛浴等；次動線指的是某一內部空間的動線，像是臥室、書房、衛浴空間的行走路線。住宅動線設計常見的規劃就是盡量將動線最精簡化，刪除重複動線，並想辦法讓動線變成一條，尤其是小坪數動線更是如此。避不掉的動線，一定要留下，不必要的動線，盡量將它併入主要動線裡，住宅空間最後只剩下必要動線，而不會出現曲折蜿蜒的動線。

住宅動線設計常見的規劃就是盡量將動線最精簡化。

圖片提供＿隱作設計

洄游動線讓生活更有趣

動線的形成與思考，與基地位置有關，建築師張育睿指出，每個房子可能有 2 ～ 3 面景觀，若希望自然景觀、光、風等元素可在室內流竄，屋內的房間就不該只有一道門，透過可調整的拉門，依據隱私需求而改變空間尺度，在自然景觀被納入空間的同時，人的動線也被一併促成，形成了洄游動線，讓居住者在空間內活動時，能藉由多元的路徑產生交流與互動。

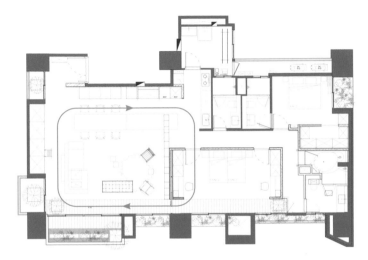

臥室與客廳之間置入活動拉門，將拉門打開，在形成洄遊動線的同時也能成為風、光的路徑。

圖片提供__ SOAR Design 合風蒼飛設計 × 張育睿建築師事務所

圖片提供__ SOAR Design 合風蒼飛設計 × 張育睿建築師事務所

機能走道提升空間坪效

為了滿足孩子學音樂在家練琴的需求，設計者選擇在小孩房與陽台走道間，將臥房一隅做了內凹處理，凹面深度內成為絕佳的鋼琴擺放位置，既不浪費空間還能發揮坪數效益；再加上位置處於角落又緊鄰陽台，練琴時有景致相伴也不用擔心受到干擾。設計的過程中，選擇將陽台原有的雙出入口保留了下來，平常沒人彈琴時，兩邊都可以行進，當有小孩練琴時還有另一邊通道可出入，動線不會受影響。

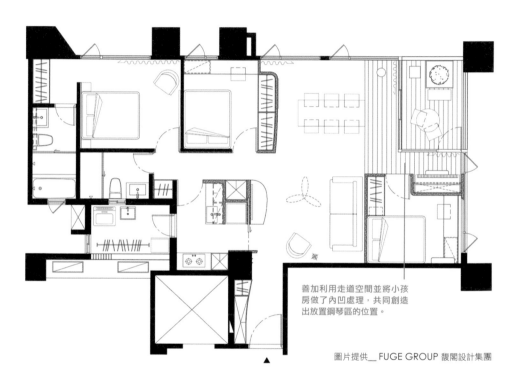

善加利用走道空間並將小孩
房做了內凹處理，共同創造
出放置鋼琴區的位置。

圖片提供＿FUGE GROUP 馥閣設計集團

圖片提供＿FUGE GROUP 馥閣設計集團　攝影＿李國民空間攝影事務所

動線區分公、私區域，保護私領域不受干擾

經過合理的平面配置將公領域與私領域分開，公領域既能容納親朋好友，還能舉辦活動，又能讓私領域保持私密性，減少彼此干擾。此案例為夫妻兩人同住，因單側採光稍嫌不足，若設計將格局一分為二的中央走道將導致住宅過於陰暗，日作空間設計將走廊移至窗側，也恰好形成公私領域不同動線，配合女屋主喜歡下廚與縫紉嗜好，將女屋主活動區域與家務動線設置於同一區方便操作，也讓女屋主縫紉時不只是單調對牆工作，還能有廊深視野讓眼睛休息。廊道底端設置客衛方便女屋主使用，一旁設置的小天井造景，為讓格局深處的主衛與多功能室納入自然光線。

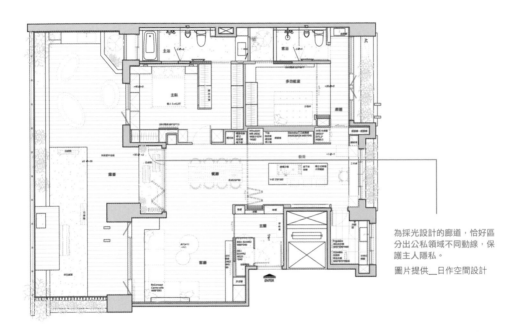

為採光設計的廊道，恰好區分出公私領域不同動線，保護主人隱私。
圖片提供__日作空間設計

餐桌後面的暗門藏有進入私領域的入口。
圖片提供__日作空間設計

動線轉角處須保障安全與舒適

動線的轉折處應避免尖角，才能保障居住安全。下方案例原格局配置關係，從玄關到進入室內呈現狹窄情況，客餐廳、臥室等空間亦顯侷促，室內光線與既有的戶外陽台也未能發揮作用。設計師重新分配平面位置，一改直線劃分形式，擴大空間光照面積並享有充足的採光；同時從入口玄關開始便以弧線貫穿空間，一來化解過多梁柱、畸零視角等問題，二來讓視線與動線有所連結，沿著這道弧線展開家的遠景。弧線下方運用複合機能手法，將電視櫃與廚房牆面整合，創造出收納櫃、咖啡吧檯等機能，發揮走道坪效也消弭其過長問題。

圖片提供__ FUGE GROUP 馥閣設計集團

運用弧線與圓角取代銳利直角，有效柔化空間結構，也讓玄關入口變得豁然開闊。

圖片提供__ FUGE GROUP 馥閣設計集團　攝影__李國民空間攝影事務所

創造零走道達到最佳坪效

如果家中格局可以避掉走道，透過中島設計、開放式規劃，或者直接創將動線門規劃於公領域中，能夠省下走道占據的空間。下方案例原為 18 坪的夾層老公寓，僅有單面採光，該如何營造溫暖的生活感同時又能滿足業主希望有中島的期盼呢？整體生活全圍繞在此面窗光，故將廚房設計為開放式，並將中島與餐桌功能結合，將餐桌中島與電視牆曲面凹槽鑲嵌，無論在空間何處皆能欣賞到這美麗河景。或坐、或站，處處皆是休憩處，當小空間不再有轉折的走道，唯一的聯通道就是上下夾層的樓梯，不論是通往主臥還是客房，樓梯也像是座椅，坐在此和在廚房忙碌的人聊天也沒問題。

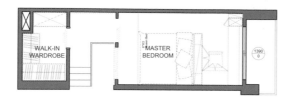

曲面電視牆呼應戶外河景，讓室內空間也像水流一般通透而自在，無論在何處皆能休憩。
圖片提供＿爾聲空間設計

餐廚設計為開放式，並將中島與餐桌功能結合，將動線與機能合一。

圖片提供＿爾聲空間設計

運用傢具創造動線

利用隔間區分客餐廳、廚房，不如三者結合在一起，不僅能打造開放視覺，還能運用傢具創造自由動線。尚藝室內設計破除傳統客餐廳的思維，不在客廳設置電視，也不在餐廳放置規矩的餐桌椅，反而以家庭的生活感、可變性為主，客廳運用義大利品牌布面沙發自由組合排列，可置於中間或旁邊，像是舉辦聚會時，可依據來訪人數與聚會性質調整軟裝擺設，並透過燈光營造空間氛圍。

沙發下方貼有羊毛墊，可輕鬆移動，動線相當自由。
圖片提供＿尚藝室內設計

彈性隔間形成多功能動線

運用彈性隔間不僅能將空間機能最大化，還能形成多功能動線。以下案例打破一般大宅慣用垂直水平的工整設計手法，尚藝室內設計以環狀動線規劃活動空間，將採光引入室內，如此一來，不論身處於客廳、餐廳、主臥房、多功能室，皆能看到景觀。主臥房在沒有外人的情況下可敞開大型拉門，躺在床上即可欣賞風景；多功能室則利用旋轉門形成彈性隔間，業主可以隨著心情自由變換門片開關，不僅放大空間感更多了彈性。

圖片提供＿尚藝室內設計

運用彈性隔間，可讓多功能室不僅能當成雙人房，放幾個抱枕就變成休憩沙發區，往河岸的方向看，美景一覽無遺。
圖片提供＿尚藝室內設計

動線尺度應考慮動線途徑會發生的使用情境,而有不同的規劃,舉例來說,走廊兩側牆面若高於身高,寬度應大於**90公分**才不會顯得壓迫,但一側若為矮櫃則降低壓迫感,寬度保留**70公分**即可。廊道設置櫃體需考慮櫃門拉開寬度或拉門形式,避免阻礙動線。

因使用者而異的設計考量

每個人的身高與體型大不相同,住宅動線的尺度考量可利用人體的身高為數據,計算出手臂長度、視線高度、膝蓋高度等,甚至還需要考慮世界不同地區、不同性別、不同民族、不同年齡的體型……等各部分尺寸作為數據參考。此外,除了考慮青壯年男女的身材與尺寸之外,長輩、孩子,甚至是寵物也需要列入考量範圍,才能為住宅動線做全面考量。

住宅動線的尺度可利用人體的身高為數據,計算出手臂長度、視線高度、膝蓋高度。　　　　　　插畫__ Joseph

1. 依身高體型設計檯面高度

使用者身高體型若沒有超過一般平均範圍，動線寬度不會因此出現差異，而是要注意高度問題。舉例來說，若同住使用者身高相差 20 公分以上，要注意廚房水槽與洗手檯的高度是否方便兩人使用，若都有下廚習慣，廚房水槽與洗手檯都需各設置一個方便使用。另外注意吊櫃與抽油煙機高度是否會撞到頭，抽油煙機可使用 45 度角的近吸式抽油煙機就不會受限。

若非特殊體型動線寬度不受影響，但使用者身高卻需要納入考量。

圖片提供__日作空間設計

2. 三代同堂注意廚房動線尺度

三代同堂的家庭空間，首要注意廚房動線，廚房走道應盡可能寬暢，這樣婆媳同時在廚房工作時，才不會顯得侷促與互相干擾。若廚具為 L 型或 ㄇ 字型配置，其走道區域至少保有 180 ～ 200 平方公分為舒適空間。也因成員人口數較多，除了冰箱、冷凍櫃等儲藏動線，也需注意增加乾貨與備料的儲存空間。廚餘與垃圾桶盡量設置在水槽附近，避免移動距離過長，廚房地板容易髒濕。一字型走道若後方有收納電器櫃，走道至少設有 90 公分，方便打開抽屜取物。

三代同堂的家庭，需注意廚房動線尺寸放大，以容納多人同時使用。

圖片提供__日作空間設計

3. 友善長者動線減少高低差

友善長者的住宅空間動線，以地面平整減少高低差、動線燈光設計與浴廁位置為三大考量重點。玄關需注意盡量減少高低差防止跌倒，可設計緩坡形式入內，也方便日後使用輪椅。浴廁與動線上燈光盡量柔和不刺眼，以免長輩半夜睡醒後因燈光刺激難以再入睡。廁所位置盡量靠近床方便半夜使用，需注意燈光位置在開門時不會刺眼。浴廁地板的止滑也不能太過，萬一長輩腳無力拖腳走路反而更容易跌倒。此案例也因為上述原因，大幅更動了浴廁位置變成全室墊高，從門口設計緩坡入內方便行走。主臥內設置馬桶方便半夜如廁，廁所的燈光也盡量設計往下方照明，避免躺在床上與使用時感到刺眼。

長輩友善空間先減少室內高低差、設立間接照明避免影響入睡，以及維持長輩有尊嚴的自主生活。

圖片提供＿日作空間設計

圖片提供＿日作空間設計

中島深度與寬度

人體工學圖雖可作為界定範圍參考，但實際動線使用的深度仍須以使用目的劃分，才能讓動線規劃更順暢。中島寬度與長度，其實需要依照空間大小及需求作調整，空間若較為緊繃，可先扣除走道最小寬度後，再來考量中島的寬深。舉例來說，一般人手最長深度為 60 公分，故一般中島檯面或書桌深度保留 60 公分即可；若超過 80 公分，使用者就需將身體前傾或站起來取物，降低使用便利性。例如：小家電的使用檯面以機器厚度＋機器開門深度＋使用範圍來規劃。

按照一般手臂使用深度，中島檯面寬度在 60 ～ 70 公分是最佳使用範圍。　　　　　　　圖片提供＿日作空間設計

動線距離

動線距離要考慮的是物件重量，除了存放位置要在可以拿動的距離內，再加上重的東西因沒辦法提高，最好將動線設置在地面層方便處理，為業主規劃出省力動線。值得注意的是，家庭使用物件最容易影響動線寬度的三大物品為洗衣機、冰箱與獨立式浴缸，首先後陽台的門通常較小，需注意洗衣機能否通過陽台門；冰箱也是不可折疊的大型物品，若廚房非開放式需注意門口寬度；獨立式浴缸則要注意浴室門口寬度是否可以通過。

門寬一般為 130 公分，需注意後陽台、廚房門、浴室門三處寬度是否能讓洗衣機、冰箱與獨立式浴缸（其他種類浴缸不在此限）進入。

圖片提供__日作空間設計

確保各區域動線順暢

住宅空間分為多個區域，除了考慮各個區域的動線是否更快捷方便，還需要串聯各區域的動線，例如動線要從客廳去衛浴空間，若是要繞過沙發、桌椅才能走到，或是要走一段很長的距離，這就是不良的動線規劃。此外，還須注意動線盡量不要交叉或穿越完整的空間，進而導致公私領域不分、居住體驗不佳。

除了考慮各個區域的動線是否更快捷方便，還需要串聯各區域的動線。　　　　　　　　圖片提供＿日作空間設計

玄關動線寬度

玄關是進入室內空間的第一印象，走道動線至少保有 130 公分寬才能顯得大器不逼仄，從玄關進入客廳的動線要消除高低差，以免增加跌倒機率。若希望設置有高度差別的落塵區，其高度至少有一階 16 ～ 18.5 公分高，才能讓人有意識抬腳，避免走路拖腳的人跌倒。

玄關寬度至少需 130 公分寬，才不顯得狹隘，影響穿鞋時有人同時進入的使用空間。

圖片提供＿日作空間設計

走道寬度

住家走道寬度一般不小於 80 公分，但雙邊若為超過身高的高牆廊道，寬度最好大於 90 公分，才不會顯得壓迫。

收納櫃門拉開的距離

走廊設置收納櫃，思考邏輯為走廊＞門片，應先就走廊寬度考量來設定櫃體的門片寬度，而廚房收納因具危險性需盡快完成，走道寬度就需配合抽屜打開的距離規劃。

住家走道寬度一般為 80 ～ 90 公分，才不會顯得壓迫。

圖片提供＿日作空間設計

客廳動線寬度

大坪數的客廳空間，首要營造出大器又不疏離的動線，因此傢具間距離放鬆，才能顯現出空間寬敞，再以聚落感營造出親密氛圍，例如在 L 型沙發對角放置單椅製造出視線交錯的效果、設置邊几與茶几做為單椅之間的連結，或以地毯圈出地界範圍等，都能讓聚落感更加明確，營造親密氛圍。若沙發不靠牆，為免後方走道空洞，可於靠牆處設置矮櫃，營造出動線效果。

沙發位置要能製造出視線交錯的效果，營造出聚落親密感。　　　　　　　　圖片提供＿日作空間設計

傢具間的距離

傢具相隔的走道空間不能小於 90
公分，才是舒適的動線寬度。若是
寬敞的廊道空間，傢具可分區擺放
來集中視線不顯疏離。

傢具相隔的走道空間不能小於 90 公分。
圖片提供＿日作空間設計

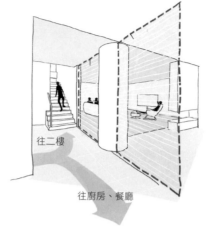

動線劃分

若使用機率不高的動線，可用布簾、
屏風、可移動矮櫃或植栽這些可變動
的素材，做暫時的動線區分引導。

往二樓

往廚房、餐廳

竹製捲簾除了能劃分空間，還可以擋冷氣。
圖片提供＿日作空間設計

常見客廳類型表

方形格局＋牆面尺度被限縮

方形空間的深度和寬度都有所限制，建議以一字型的沙發為配置
基準。2人座沙發寬度為160～190公分左右，因此若牆面寬度
小於250公分，選用2人座沙發為佳。

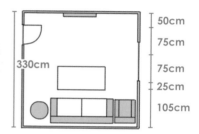

330cm

50cm
75cm
75cm
25cm
105cm

長形格局＋一字型沙發

由於空間縱長拉寬，因此可將沙發放置長邊。若想採用3公尺的
3人座沙發和50公分的一張茶几，至少要留出3.5公尺長為佳，
並加上櫃體或屏風遮掩，避免入門容易被看見，保有空間隱密性。

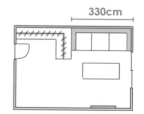

330cm

長形格局＋L型沙發

常見的L型沙發多為三人座加二人座的形式，或是三人加單人轉
角椅及腳凳的組合。無論哪一種總面寬大約都要3.5公尺左右，
因此想配置L型沙發的客廳，主牆面寬最好大於3.5公尺，盡量
在4公尺以上，以免感覺擁擠。

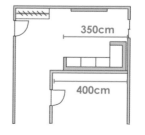

350cm

400cm

餐廚動線寬度

如何讓用餐空間呈現舒適感，避免傢具「卡卡」是一門學問。空間首先要定位的是餐桌，無論是方桌或圓桌，餐桌與牆面間最少應保留 70 ～ 80 公分以上，拉開餐椅後人仍有充裕轉圜空間。餐桌與牆面間除保留椅子拉開的空間外，還要保留走道空間，必須以原本 70 公分再加上行走寬度約 60 公分，所以餐桌位於動線時，離牆應至少有 100 ～ 130 公分，以便於行走。

餐桌位於動線時，離牆應至少有 100 ～ 130 公分，以便於行走。　　　　　　　　圖片提供＿成立室內設計

廚房走道

規劃廚房走道寬度時，為了方便收納與清潔工作，走道至少需 90 公分寬，才能讓洗碗機或收納抽屜完全拉開。

圖片提供＿日作空間設計

餐廳走道

餐桌附近的動線也視椅子形式而有不同寬度需求，若餐椅為板凳，動線保留 60 ～ 70 公分即可，扶手餐椅則需加寬到 80 ～ 90 公分，才能方便進出。

預留兩人交錯的空間，一個人正面前進需要的空間為 55 ～ 60 公分，為了讓兩個人能錯身而過，需要有 110 ～ 130 公分的空間。

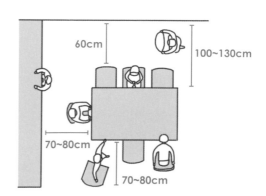

常見餐廚類型表

餐廳、廚房各自獨立

獨立餐廳分為長方形與正方形格局，長方形格局建議選用長桌，
至於正方形餐廳則不侷限何種餐桌形狀，擺上餐桌椅後仍需留有
約 60 公分的行走空間。

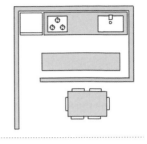

一字型餐廚

若是單排廚具櫃，其走道至少有 75 公分寬，才方便操作。空間寬
度足夠，深度不足的情況下，深度至少需有 295 公分。

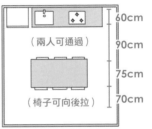

60cm
（兩人可通過）
90cm
75cm
（椅子可向後拉）
70cm

一字型餐廚＋中島和餐桌合併

空間寬度足夠，深度不足且居住人數少的情況下。深度至少需有
280 公分。

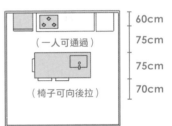

60cm
（一人可通過）
75cm
75cm
（椅子可向後拉）
70cm

一字型廚房加上中島＋餐桌獨立

空間深度足夠的情形下，可讓中島、餐桌各自獨立，若餐桌與中
島垂直的情況下，深度至少需有 390 公分。

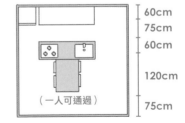

60cm
75cm
60cm
120cm
（一人可通過）
75cm

L 字型餐廚、餐桌獨立

空間寬度和深度至少都需在 295 公分左右。

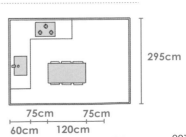

295cm

75cm　75cm
60cm　120cm

浴廁動線寬度

在規劃浴廁的動線時，首先要考慮馬桶與洗手檯的位置，以確保符合人體工學尺寸，提供更加舒適的使用體驗。在長形的空間中，可以從門口開始配置洗手檯、馬桶或淋浴區，並且將它們並列排列；如果空間寬度充足，則能將浴缸和淋浴區配置在一起。在方形空間中，由於深度和寬度尺寸相同，馬桶、洗手檯和濕區無法並排配置，因此馬桶和洗手檯需要相對或呈 L 型配置，以縮減使用的長度。

洗手檯後方需保留足夠空間，以便一人能夠舒適通行，通常距離約 80 公分。

圖片提供＿相即設計

洗手檯後方動線距離

考量到一人側面寬度約在 20 ～ 25 公分，一人肩寬為 52 公分，並且為走得舒適，須留下 60 公分的寬度，因此洗手檯後方應至少留下 80 公分的寬度，以便一人在使用洗手檯時，另一人能夠舒適地經過後方。

圖片提供＿相即設計

馬桶與門的距離

馬桶面寬約 45 ~ 55 公分之間，深度約為
70 公分左右。由於在使用馬桶時需要轉身
坐下，因此馬桶前方與門至少留出 60 公分
的迴旋空間；馬桶的兩側也各留 15 ~ 20
公分的空間，以便起身時不會感到擁擠。

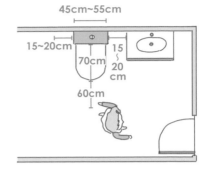

空間設計符合人體工學尺寸，使用上將更為舒適。　　　　　　圖片提供＿相即設計

常見浴廁類型表

馬桶、洗手檯和淋浴區並排

在長形的空間因為尺度足夠，從門口開始配置洗手檯、馬桶和淋浴區，採用並列的方式。

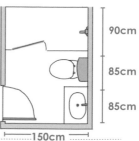

馬桶、洗手檯和淋浴區並排

若空間寬度足夠，可以將浴缸和淋浴區配置在一起。

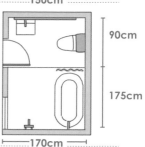

馬桶和洗手檯相對

在方形空間，由於空間深度和寬度尺度相同，馬桶、洗手檯和濕區無法並排，因此馬桶和洗手檯必須相對或呈 L 型配置，縮減使用的長度。

臥房動線寬度

進入臥房的動線設計盡量避免曲折過道引起的空間浪費，床鋪與開門需隔開至少 100 公分的距離才不會影響睡眠品質。過道保有 80 ～ 100 公分寬度是舒適的動線空間，可利用床頭櫃或化妝桌寬度結合走道空間。臥房若配置更衣室盡量靠近衛浴，保持取衣盥洗的家事動線順暢，只要浴室有對外窗保持通風就可減少更衣室的濕氣問題。更衣室空間走道迴旋寬度要保留 85 ～ 90 公分，若無法則利用開放式衣架設計或半開放的衣櫃空間，才不會造成壓迫感。

臥房動線設計應注意床鋪與開門距離，避免進出干擾睡眠。
圖片提供__思維設計

單人房

單人房將床鋪設置窗邊牆邊可省去一邊走道空間爭取坪效，床尾若無設置衣櫃也可省去通道，另一側走道距離要納入化妝桌與衣櫃開門考量，至少 100 公分寬才能保有行進舒適感。

臥房過道保有 80 ～ 100 公分寬度是舒適的動線距離。
圖片提供__思維設計

雙人房

雙人房若設有兩側通道，靠牆邊走道可稍窄但至少要有 50 公分寬，若有窗簾需注意走道寬度要納入窗簾厚度，例如一紗一布雙窗簾就需增加 20 公分。另一側邊通道則至少有 80 公分寬，而床尾通道若沒有設置衣櫃，也至少要有 50 公分寬單人可行進的距離，以供下床與整理床單使用。

更衣室通道

更衣室通道至少有 90 公分寬，太窄會造成壓迫感，且寬度要納入門片打開的寬度考量，可以衣架搭配斗櫃的半開放空間爭取出動線寬度。

雙人房若設有兩側通道，靠牆邊走道可稍窄但至少要有 **50 公分寬**。

圖片提供＿思維設計

常見臥房類型表

床居中擺放

將床擺放在中間的配置方式，常見於空間較大的主臥，位置確定後，先就床的側邊與床尾剩餘空間寬度，決定衣櫃擺放位置，若兩邊寬度足夠，則要注意「側邊牆面」寬度若不足，可能會犧牲床頭櫃等配置，「床尾」剩餘空間若不夠寬敞，容易因高櫃產生壓迫感。

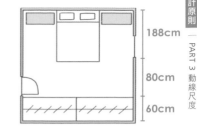

188cm
80cm
60cm

床靠牆擺放

空間較小的臥房，為避免空間浪費，通常選擇將床靠牆擺放，床尾剩餘空間（包含走道空間），通常不足擺放衣櫃，因此衣櫃多安排在床的側邊位置，且空間允許下，會將較不占空間的梳妝檯移至床尾處，或擺放開放式櫥櫃，藉此善用空間也增加機能。

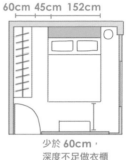

60cm 45cm 152cm

少於 60cm，
深度不足做衣櫃

將床擺放在中間的配置方式，常見於空間較大的主臥。　　　　　圖片提供＿思維設計

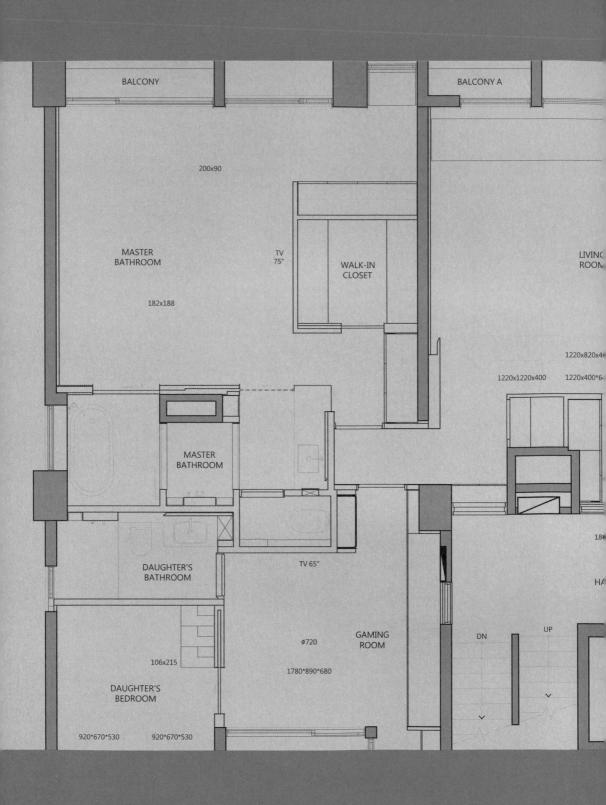

BALCONY

BALCONY A

200x90

MASTER
BATHROOM

TV
75"

WALK-IN
CLOSET

LIVING
ROOM

182x188

1220x820x4

1220x1220x400   1220x400*6

MASTER
BATHROOM

18

DAUGHTER'S
BATHROOM

TV 65"

HA

DN   UP

GAMING
ROOM

φ720

106x215

1780*890*680

DAUGHTER'S
BEDROOM

920*670*530   920*670*530

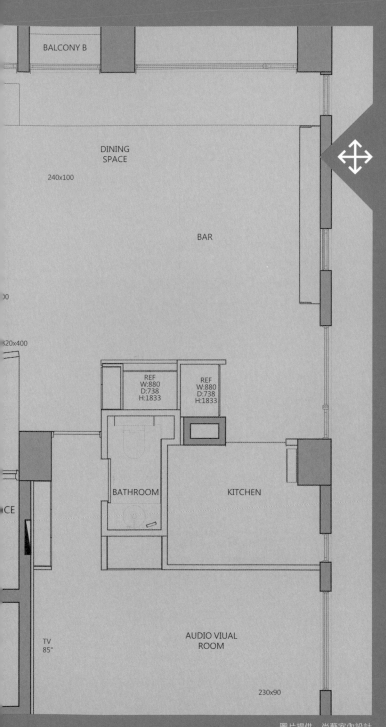

BALCONY B

DINING
SPACE

240x100

BAR

320x400

REF
W:880
D:738
H:1833

REF
W:880
D:738
H:1833

BATHROOM

KITCHEN

CE

TV
85"

AUDIO VIUAL
ROOM

230x90

CH2

動線設計形式

PART 1 顯性動線

PART 2 隱性動線

圖片提供＿尚藝室內設計

格局配置與動線走向息息相關，如何藉由更動室內格局創造合乎生活習慣的動線，是思考設計的第一步。顯性動線又區分為多種型態，迴游動線、開放式動線……等，各有不同的設計關鍵，雖有既定房型的限制，依然可藉由局部調整來實現理想動線。

迴游動線

迴游動線最初採用於戶外空間，將各景點以回字型路線相連，而室內的迴游動線同樣是打造出環繞形動線，讓個別功能區域形成迴路，達到空間利用的最大化。在設計迴游動線時，可以嘗試將居住動線、訪客動線、家務動線三種動線做結合，比如將電視櫃與中島置於動線中段，或者打造半開放式空間，將使用頻率較高的區域視為動線中心，進而連接各別區域，達到空間串聯的效果。此外，不同功能區域之間的路徑間隔，可仰賴設計使其有層次性地縮短，便可在有限的空間內大幅度提升使用效率。

不同區域之間的路徑間隔，可仰賴迴游動線，在有限空間內大幅提升使用效率。

圖片提供＿春計劃工作室

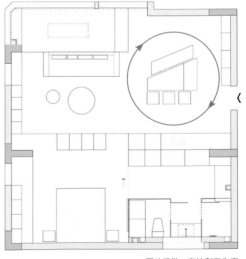

圖片提供＿春計劃工作室

1. 適合什麼樣的格局、坪數？

一般來説，洄游動線於大、小坪數中皆適用，能為空間帶來不同的效益。在小坪數空間中設計洄游動線，藉由整合立面以及妥善分區，可以使空間感更為開闊；反觀在大坪數空間中，經常會出現走道占據過多空間的問題，藉由洄游動線可將不同的功能分區做串聯，讓走道具有實質動線效益，同時縮短行走路徑。此外，藉由整合動線來消弭多餘的通道，亦可釋放空間增加功能分區的多元性。

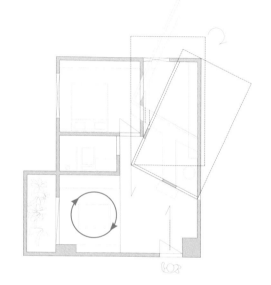

小坪數空間可利用洄游動線將功能分區做串聯，使空間使用率達到最大化。

圖片提供 __ metrics architecture studio ／龍霈工作室

2. 尺寸規劃

在設計洄游動線的空間中，整體格局配置或者傢具的擺放，居多會貼合走道的兩旁，如此才能實現洄游動線。在此條件下，走道的尺寸設定不容輕忽，過寬的走道會浪費空間，過窄的走道則會減低居住的舒適度。在設定尺寸之前，可先決定要設計單人或者雙人洄游，若規劃單人洄游，走道寬度須預留至少 60 公分，若要提高舒適度可預留至 80 公分；若規劃雙人洄游，走道寬度則至少需有 110 ～ 120 公分。

如果在動線上有放置活動傢具的需求，需要將活動傢具的使用範圍與動線納入尺寸設定。

圖片提供__春計劃工作室

微調隔牆提高穿透性，中島作為樞紐引導洄游方向

室內坪數／ **32 坪**
原始格局／ **3 房 2 廳 1 廚 2 衛→完成格局／ 3 房 2 廳 1 廚 2 衛**
居住成員／ **2 大人 2 小孩**

文__王馨翎　空間設計暨圖片提供__蟲點子創意設計

擁有 32 坪空間的新成屋，在原始格局上並無太大的問題，要容納一家四口的生活也不至於侷促，業主本身喜愛戶外運動，需要有足夠的收納空間放置裝備，因此在動線設計上，以洄游動線為主軸，並於動線上增加方便性高的收納空間是主要課題。格局上僅以簡單的牆體脫開手法，以及地面高低差的延伸，讓空間被重新整理。首先將小孩房牆面做微幅退縮處理，使入口空間放大，右側以弧形收邊製造縫隙，縮小玄關的壓迫感，同時設計玄關櫃來包覆原有柱體，連帶增加了玄關收納效能。另一方面，將廚房牆體也做了些微退縮，釋放餐廳使用空間，以中島與餐桌作為洄游動線的中繼點，連接了內部私領域空間。

before｜問題

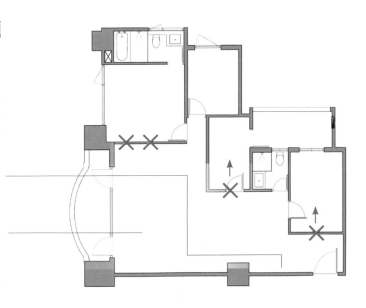

問題 1

原有格局並非方正形，玄關牆面與臥房相連，走道空間較為狹小壓迫，導致收納效能不足，由於業主有許多戶外活動設備需要收納，如何增加收納空間同時不壓迫到行走動線是主要課題。

問題 2

空間的採光集中於客廳旁側的大面落地窗，希望能讓自然光於空間中自由地流竄，減少空間牆體阻隔的同時，也能有明確的動線引導與空間界定。

after ｜破解

破解 1

以洄游動線串聯空間各區域，減緩空間不方正的零碎感，以放置於空間中心的中島餐桌作為樞紐，連接廚房、臥房與客廳，形成簡潔且四通八達的洄游動線。

破解 2

將客廳窗邊的地板作架高設計，並將架高的窗台向外連接至陽台，向內延伸至主臥與更衣室，製造出環繞住宅的光帶，使視覺具有穿透性，自然光也可順著光帶路徑照亮空間。

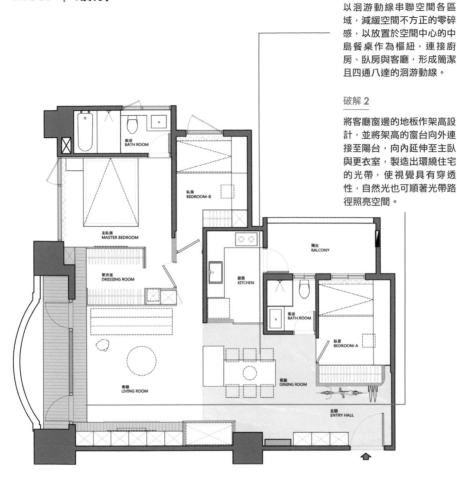

Point ｜動線設計關鍵

以塊面邏輯重組空間，退縮雙牆完成動線整合

將空間各區域以塊面視之，經由微幅推移重塑空間關係，找出影響空間尺度的關鍵牆面，並進行小幅度的退縮調整，使入口到餐廳的走道空間擴大，提升整體穿透性，也減緩了動線上轉角落差的距離，移動上更有餘裕且流暢。

中島廚房串聯公私領域，形成洄遊動線

室內坪數：33 坪
原始格局：2 房 2 廳 1 廚 2 衛→完成格局：3 房 2 廳 1 廚 2 衛
居住成員：2 大人 2 小孩

文＿曾家鳳　空間設計暨圖片提供＿爾聲空間設計

為了滿足嚮往南半球自然生活的業主，設計團隊以木作打造此案例。一開門就能感受到清新、安定之感，可舒緩業主平常高壓工作心情。以「同居共享」、「寧靜放鬆」的兩種空間使用需求，巧妙地隔開公私領域。中島廚房結合餐桌，形成洄遊動線，不論是廚房、閱讀區、還是客廳，一家四口皆能看到彼此，更從入口處即一眼望穿至窗邊；反之，需要靜心的私領域區，全隱藏於左側樺木門內。此外，設計師以開放公共區域概念，打通隔間牆、採用立柱可旋轉電視，地坪使用機能特殊塗料，讓窗外光影可以映照於地面上，不僅放大視覺效果，更能因應不同時段，讓室內空間有不同面貌。

before │ 問題

問題 1

公共空間兩面皆為窗戶，雖然有大量自然窗光，卻也有收納櫃體不足困擾，加上業主極度重視閱讀，更需要收納書籍的櫃體。

問題 2

公共空間有燈管、冷氣、除濕機等等管線要包藏，但業主又想要保有寬敞的居住空間感，不想要過度降低天花板高度，應當如何保有開闊性但又能完善隱藏管線可是一大考驗。

問題 3

入門即是廚房區，需擺放大量電器產品，還有收納需求，加上女主人希望有中島區，為了能夠呼應與自然共存，需將其完善地與公領域空間結合。

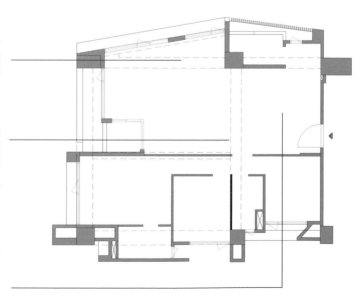

after｜破解

破解 1

利用樺木設計書櫃，配合旋轉電視櫃的石材檯面，此機能上也兼具多重作用，電視高低錯落的檯面既可充當兒童遊戲的檯面使用，也可當座位區。

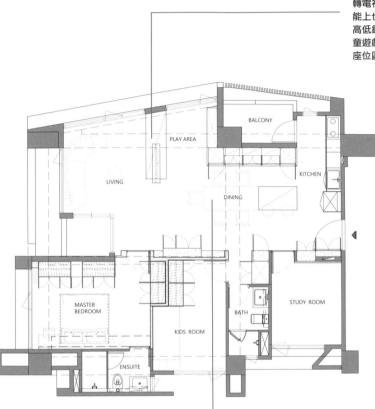

破解 2

以室內的結構樑作為分界，將空調管道包藏在其中，並與燈結合維持秩序感，更能合理的暗示餐廳，閱讀區和客廳各自的空間場域。

破解 3

以開放公共區域概念，打通隔間牆、採用立柱可旋轉電視，特別將與簡約白灰調中島呼應的是帶有樺木和黑色OSB板做門片的電器櫃輕食區，同時串聯客餐廳區。

Point｜動線設計關鍵

以中島餐廚串聯公領域

無走道的公共生活領域，廚房、閱讀區、客廳一路透過中島餐廚串聯，讓處處都合適停留、休憩，想要拿本書閱讀，或是打開點心櫃一起分享零食，皆是如此串聯緊密，並且搭配一氣呵成、色調相容素材，達成一致性。

切開牆面，勾勒洄游動線

室內坪數／ 44 坪
居住成員／ 1 大人
原始格局／毛胚屋→完成格局／ 1 房 1 廳 1 廚 2 衛 1 多功能教室 1 療癒室 1 辦公室 1 更衣室 1 儲藏室

文＿程加敏 空間設計暨圖片提供＿ SOAR Design 合風蒼飛設計 × 張育睿建築師事務所

業主是一位心靈療癒師，希望空間能同時作為住家與工作空間，並打造適合心靈療癒工作的氛圍。建築師張育睿打破公寓的固定隔間，放大公共空間的尺度，使視線能相互穿透，自然形成光道與風道，將所有的裝修元素、材質與色彩刻意地降低，透過控制室內空間，形塑自然無壓的居家環境。考量業主平時僅一人居住，自由度較高，設計上希望打破一般公寓固定隔間的形式，透過切割每個房間靠窗的牆面，創造出貫穿腹地的廊道與開放的場域，使家中形成充滿趣味的洄游動線，廊道串聯了多功能教室、療癒室、辦公室等空間，當門片開啟時，光與風就可以自由地在空間內流竄。

before │ 問題

問題 1
——
原始的空間為毛胚屋，尚未具備滿足居住的機能，公私領域也尚未被劃分，亟待設計者依據居住者的需求而規劃設計。

問題 2
——
基地位置向外望出，可以看到豐富的綠意，業主期望居家空間的能具備療癒心靈的氛圍，在空間設計中可納入自然的元素。

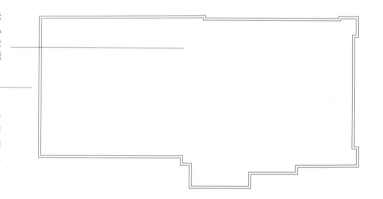

動線 VS 家庭成員思考

由於居住成員僅有一人，不需要過多隔間，設計者透過切割靠窗牆面，創造出貫穿腹地的廊道與開放的場域，以門片的開闔區隔公私領域，使家中形成充滿趣味的洄游動線，運用廊道串聯了多功能教室、療癒室、辦公室等空間。

after ｜ 破解

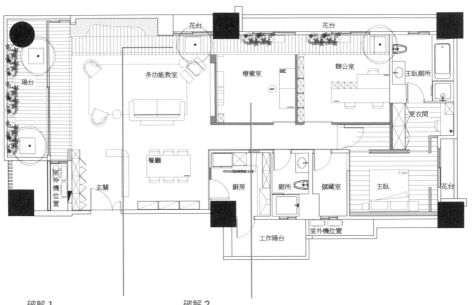

破解 1

透過打開空間的手法，切開房間的部分牆面，以拉門區隔，沿著窗台創造一條長廊，形成風與光的通道，也自然成為行走的動線。

破解 2

設計上降低材質與色彩的種類，藉由引入室內的光影，為空間賦予寧靜的氣息，打造一方讓人可放鬆的場域。

Point ｜ 動線設計關鍵

以洄游動線串接公私領域

本案的主要動線以開放的公領域，再依序串接療癒室、辦公室、主臥空間，透過切割療癒室、辦公室的靠窗牆面，使公共領域可依據居住者的需求而縮小或是擴大，同時可讓光線與空氣自由流動，讓人們可以自由地遊走在空間中，藉由洄游動線產生不同的居住體驗。

1. 公共區域採開放式設計，以鐵件減輕置物架量體的視覺重量。

2. 開啟所有的拉門，貫穿三個空間的長廊就會顯現在眼前。

3. 公私領域之間透過拉門調控隱私，開啟時便使屋內形成洄游動線。

(Detail) 設計細節

4.5. 窗邊的廊道如同日式建築般的緣廊，坐臥皆宜。

6. 切割部分的客廳主牆，使空間中的風與光能自然流動，沿著窗台創造一條長廊，也成為行走的動線。

7. 透過拉門調控隱私，廊道串聯了多功能教室、療癒室、辦公室空間。

梯形電視牆成就洄游動線

室內坪數：54 坪
居住成員：2 大人
原始格局：2 房 1 廳 1 廚 2 衛 → 完成格局：3 房 2 廳 2 衛 1 廚 1 更衣室

文＿曾家鳳 空間設計暨圖片提供＿爾聲空間設計

此案位於嘉義，室內空間坪數大，但居住者少，加上女主人對於空間需求僅有一句：「我要一間和別人不一樣的房子！」豪爽、大器之感，即給設計者帶來極大靈感：猶如置身遊戲展示場的居住空間，從公共空間中能感受寬敞而明亮的窗光，而走到深色表面但具有觀察性的私密空間中，就像是有著日、夜旋轉移動軸線，居所多了玩味。切換光暗對比的軸線就是有著特殊梯形設計櫃體的客廳電視牆，大膽又帶有強烈紋理的黑色金屬漆在充滿陽光的空間提供了深度和對比，同時形成洄游動線。從一旁走入，就能進入私領域中的房間與書房，而書房兼具看透公領域的特色，方便照顧母親需求。

before｜問題

問題 1

主臥位置就在客廳旁，在講求生活品質與隱私性下，當客人來訪時該如何保有隱蔽性是一大關鍵。

問題 2

此案例的玄關空間極大，若不善加利用會導致空間浪費，該如何活用此處地坪，放大其效益。

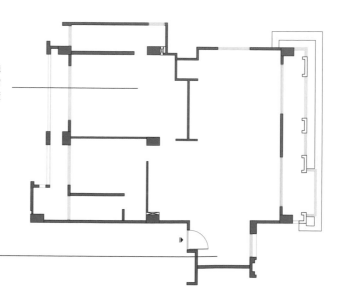

動線 VS 家庭成員思考

動線影響到人的走向，更左右著空間使用性，應當思考成員需求再設計動線，像是此案例因女業主在家工作時間長，書房需有隱密性但又需隨時照顧家人需求，故設置在與客廳較近的位置，並設立梯形電視牆形塑迴游動線。

after ｜ 破解

破解 1

電視牆所區隔出的迴游動線右側即是主臥，若不特別點出，其實根本看不出有房間，因以特殊乳膠漆塗黑，左側以黑玻打造透明書房，透過對稱的黑色量體，組成公領域的主視覺。

破解 2

玄關不僅是轉折，更可兼顧收納，設計者並未刻意縮減大小，而是規劃大量收納機能，加上依梁設計拱門，不僅柔化空間，更呼應客餐廳區迴游動線。

Point ｜動線設計關鍵

流動性的空間區隔

玄關拱門與梯形電視牆串聯，形成迴游動線，設計者利用深色金屬漆妝點，以及梯形特殊牆面設計打造出私領域過道的兩側入口，形成有趣的雙走道，連接公私領域。

1. 原本單純隔間的空間設計，因導入梯形電視牆成就迴游動線設計，使得空間有放大效果。

2. 電視櫃後方空間是書房，流動的走道設計是讓業主可自在地轉換隱密與開放的心情。

3.4. 客餐廳透過木地板的魚骨拼法與玄關地坪區隔，天花板則如扇面般攤開於眼前，延伸出空間的深邃立體感。

5.6. 主臥選擇孔雀藍的床頭牆營造活潑舒爽氣質，而位於角落的更衣室藉由鏡面及玻璃的材質混搭，形成珠寶中島和化妝檯的機能配置。

開放式動線

現今建案多為中小坪數空間,為了讓居住環境顯得更加寬敞,許多人會選擇將家中的隔間牆打掉,或者改成半高牆面,讓室內視野通透延伸,形成開放式空間。開放式空間意味著少了牆面的阻隔,居住者可轉而運用可活動的傢具來界分區域,不同功能性的區域有了靈活變動的彈性,連帶在動線上亦可不受牆面硬性的切割,根據居住者的生活習慣來設定行走路徑,在機能上也能提升便利性,更加貼近使用需求。

1. 適合什麼樣的格局、坪數?

開放式動線設計具有放大空間的效果,一般來説,常用於中小坪數空間,或者原屋格局有太多隔間,與居住者使用需求不符。小坪數空間,若以實牆來界定空間,通常會造成視野狹窄、空間擁擠,以及動線紊亂的問題,在此種條件下,便適合運用開放式設計來去除多餘的牆面,除了能減少動線上不必要的轉角,也能使採光順利進入室內,有助於化解室內陰暗的問題。大坪數的空間,同樣也能利用開放式動線來整合格局,避免過多隔間造成空間的閒置與浪費。

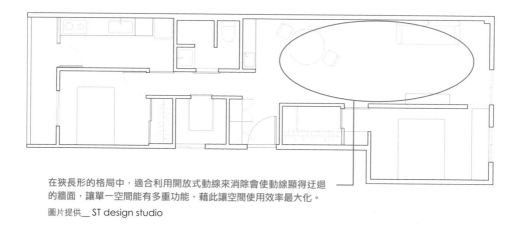

在狹長形的格局中,適合利用開放式動線來消除會使動線顯得迂迴的牆面,讓單一空間能有多重功能,藉此讓空間使用效率最大化。

圖片提供__ ST design studio

2. 尺寸規劃

在開放式動線中，由於空間的隔牆減少，通常會以活動傢具來做簡易的功能分區，而僅剩的牆面也會於其中安排隱藏式收納櫃體，若走道預留的空間不足，便會在使用上變得侷促。因此在設計動線尺度時，應當將活動傢具擺放位置率先納入考量，比如餐椅拉出時，與牆面的距離至少需有 35 公分，才能方便移動，而在具有隱藏式櫃體的走道上，需計算櫃門 90 度開啟後的寬度，建議預留至少 60 公分的走道寬度。

在開放式動線中，通常會以活動傢具來做簡易的功能分區。

圖片提供＿湜湜空間設計

四條軸線劃分公私領域，開放公領域成為共享樂園

室內坪數／42 坪
居住成員／2 大人 2 小孩
原始格局／4 房 1 廳 1 廚 1 衛→完成格局／3 房 1 廳 1 廚 2 衛 1 儲藏室

文＿王馨翎　空間設計暨圖片提供＿蟲點子創意設計

42 坪住宅原為標準的四房格局，業主喜歡極簡的生活方式，希望家裡不要堆積太多雜物，讓空間盡可能開展延伸，能包容一家人同聚分享彼此的生活。業主希望減少一房，將其中一房改為擁有獨立馬桶的日式衛浴，並且減少走道空間，最終整理出四條軸線，將空間明確切分為上下兩半，上半部為公共空間，下半部為私密空間，據此讓室內空間同時實現開放性，也在必要時擁有隱私性。於入口處設計了具有高收納性的儲藏櫃體，並將客廳臥榻延伸至主臥書房，一舉整合收納區域，實現簡約俐落的調性。以三種色塊柔性定義空間，公私領域的過渡帶以白色為主調，作為家庭成員同樂的客廳廣場則賦予其灰色調，最後以木質色調修飾收納空間。

before ｜問題

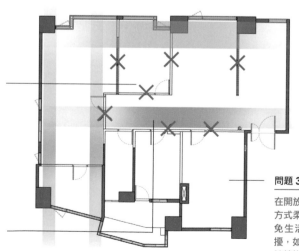

問題 1

原屋本有四房配置，牆面將空間切割阻隔，業主希望減少一個臥房，改造為擁有獨立馬桶的日式衛浴，並讓公領域得以延伸開展，成為親子共樂的場所。

問題 2

業主希望能避免家中堆積過多雜物，且空間各區域得以相通，減少牆面的阻隔以及走道面積，須有足夠的收納空間，同時不干擾開放式動線設計。

問題 3

在開放式空間中，需以其他方式柔性定義功能分區，避免生活場域混亂、相互干擾，如何讓公私領域得以彈性轉換亦是主要課題。

after ｜破解

破解 1

客餐廳相互連通，活動空間相形擴大，走道左側則屬於私領域，將兩間小孩房配置於同一側，主臥則位於走道末端，利用單一走道觸及不同區域，實現避免走道浪費的期望。

破解 2

將客廳窗邊臥榻延伸至書房及主臥，臥榻下方亦可收納雜物，利用帶狀隱藏式櫃體設計，整合家中收納空間，亦可避免零散櫃體將空間切割零碎。

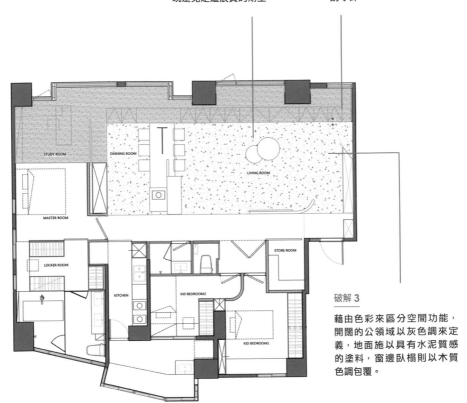

破解 3

藉由色彩來區分空間功能，開闊的公領域以灰色調來定義，地面施以具有水泥質感的塗料，窗邊臥榻則以木質色調包覆。

Point ｜動線設計關鍵

公領域動線保持開放簡潔

藉由減少室內走道的占比，將空間釋放給公領域，公私領域分配於走道兩旁，避免功能分區混淆，行走上亦可節省路徑，提升生活便利度。走道末端的主臥配置拉門，保留其根據使用時機開與關的彈性空間，亦可延展孩子們於家中活動的空間。

開放式主動線串聯各區，延伸寬廣使用空間

室內坪數：37 坪
居住成員：2 大人 1 小孩
原始格局：毛胚屋→完成格局：3 房 2 廳 2 衛

文__田瑜萍　空間設計暨圖片提供__寬象空間設計

此案例有毛胚屋先天優勢，讓寬象空間設計可以放心確立動線的中軸線位置，無須擔心破壞格局要修補地板。動線右側為方正大面積格局，以開放式動線規劃，延伸出客餐廳與多功能客房，拉深入屋視野，擴大空間感。隔間鏤空櫃體、拉門與墊高地板，界定出多功能房使用範圍，平日是小孩遊戲空間，玩具可控制在此空間內不會四處散逸，當長輩來訪時也能變成客房使用。左側隔間牆往前，拉開廚房使用面積也整合出兩間儲藏室的收納空間，並在主臥增設出獨立書房，滿足男女屋主使用與收納需求。

before｜問題

問題 1

室內 37 坪使用面積，原廚房面積不大，且無儲藏室空間，屋主希望能有 3 房 2 衛 1 書房格局，與中島廚房跟海量收納的需求。

問題 2

家庭公領域的客餐廳若採用硬隔間形式，不僅格局瑣碎、視線阻礙，讓空間感顯得狹小，也會降低室內採光明亮度。

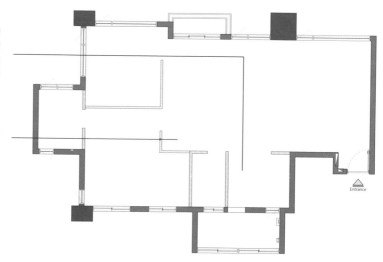

Entrance

after｜破解

破解 1

確立一字型開放動線的主軸線後，將使用機能沿線擺放，以區塊來規劃主動線之外的延伸動線。玄關拉長防止開門後的窺探目光保護家庭隱私，也可利用玄關背後跟廚房中間區塊，以及主臥旁空間，順勢隔出兩間儲藏室。

破解 2

客餐廳以沙發背櫃作為隱形界線，增加收納功能，也為格局中段的廊道爭取採光。需注意沙發、背櫃與餐桌椅風格統一，以免顯得雜亂。沙發背櫃高度低於沙發，以免往後坐下會撞到頭。窗戶與天花位置需搭配背櫃定位，以對襯的鏡像效果延伸空間深度。

Entrance

Point ｜動線設計關鍵

運用吊扇氣體力學，打造開放格局無煙環境

開放式動線要注意控制餐廚油煙問題，此案例在廚房門口外天花上設置吊扇，形成一股往下氣流抑制廚房煙氣往外逸散，搭配抽油煙機即可順利將油煙排至戶外。若開放動線的廚房在離窗較遠的位置，因排煙管線過長，需設置中繼風機加壓，才能讓油煙順利排出。

軸線搭配對稱立面量體，
創造開闊無盡的動線

室內坪數／ 92 坪
居住成員／ 2 大人
原始格局／ 4 房→完成格局／ 1 房 2 廳 2 衛 1 廚

文__ Jessie 空間設計暨圖片提供__尚藝室內設計

依照業主居住需求，其實只需要一間房即可，藉此可以將尺度拉到最大。業主的女兒為音樂老師，同時也希望在家裡放一台鋼琴。尚藝室內設計透過軸線與對稱概念打造開放式動線，並且藉由藝術品當作軸線焦點。客廳以鋼琴為核心，將鋼琴放置於公共區域的正中間，自然形成開放式動線。設計者打造 4 個對稱式立面量體，讓空間產生一進、二進、三進的層次感。從玄關到客廳為第一進，第二進則是從客廳到鋼琴區，第三進可以到餐廳區，像是撥洋蔥般一層層進入住宅中心。設計者打造如同博物館或美術館的門廊，彷彿從一個展廳進入下個展廳，讓人產生既開放又區隔的奇妙感受。

before │ 問題

問題 1

由於居住者僅有兩位，此住宅只需要一間臥房，不需要四間房。

問題 2

坪數非常大，該如何讓空間更具結構、主題性，而非大而無當。

動線 VS 家庭成員思考

主要居住者只有兩位，原有格局的四房太多，業主本想調整為兩房或三房，但設計師得知業主的女兒為音樂老師，並且夢想在家中放置一台鋼琴，讓女兒可於來訪時彈琴表演。因此，設計者將四房格局改為一房，打掉許多隔間牆，並將鋼琴置於公共區域中央，形成大器的開放式空間。

after｜破解

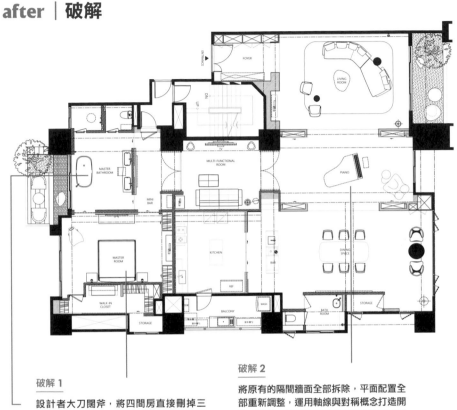

破解 1

設計者大刀闊斧，將四間房直接刪掉三房，僅留下一間主臥房，並將原有的一間房擴大為主臥衛浴空間。

破解 2

將原有的隔間牆面全部拆除，平面配置全部重新調整，運用軸線與對稱概念打造開放式動線，以垂直搭配水平軸線的方式展現鋼琴與端景藝術品。

Point｜動線設計關鍵

開放式動線串聯各場域

大坪數住宅只規劃一間房間，並將鋼琴置於家的中心，採用完全無隔間設計，形塑開放式動線，創造出寬闊的視覺感受，再經由四個立面量體相互對稱，打造「一進、二進、三進」的意象，讓人感覺既穿透又分離。

1. 將鋼琴置於垂直與水平軸線的焦點，讓人在家中各處都能藉由開放式動線走到鋼琴處，同時引發人不斷地想循著門廊探索的欲望。

2. 開放式動線經由四個立面量體相互對稱，從客廳的角度可以看到鋼琴與餐廳，餐廳牆上掛著徐永旭老師的藝術品。

4

5

4.5. 以木質格柵造型搭配向上內凹的雕塑穹頂，形塑搶眼的天花板。

6. 住宅內所有藝術品皆是為了空間量身搭配的，並能透過開闊視野與開放動線欣賞各處的藝術品。
7. 在視聽室做了四道雙開門，如果關了靠裡面那兩道門，視聽室歸屬主臥房使用；如果關上靠外面兩道門，視聽室則可以開放給公共空間使用，極具彈性。

家有走道動線

在空間中設置走道一定是因為要通往某個區域，不過，在室內設計的平面布局，通常會盡量減少走道空間，如果格局中有無法避掉的走道，則會在走道側面加入展示或收納櫃的功能，甚至將掃地機器人或是餵食寵物的盆器收納於走道牆面；如果空間沒有設計收納櫃體的條件，也能做一些造型牆面，讓走道不只是單純的走道。

家有走道動線，可以在走道側面加入展示或收納櫃的功能，甚至將掃地機器人或是餵食寵物的盆器收納於走道牆面。
圖片提供＿橙白室內裝修設計工程有限公司

1. 適合什麼樣的格局？

家有走道的動線規劃，由於每個房子的格局皆不相同，沒有一個特定的格局或設計是專門為走道而生，而是根據每個案例去規劃，以右圖為例，如果業主不需要這麼多間房，或許就不會規劃到這麼長的走道。由此可知，家有走道動線可能產生的原因在於業主的需求規劃，以及住宅原先的格局配置。

每個房子的格局皆不相同，沒有一個特定的格局或設計是專門為走道而生。
圖片提供＿橙白室內裝修設計工程有限公司

2. 尺寸規劃

家中三房空間且方正的格局，通常會有走道空間，可透過設計讓走道空間也能具備機能，像是橙白室內設計的部分案例會將走道的壁面與黑板牆結合，讓走道多一份趣味性，而長方形格局，一定避免不了出現縱深走道，如果不是無障礙空間，一般走道約留 90 ～ 110 公分即可；但如果是無障礙空間，會需要以無障礙空間的尺寸做規劃，並且與業主溝通輪椅的大小與迴轉半徑為多少。

如果不是無障礙空間，一般走道約留 90 ～ 110 公分即可。
圖片提供＿橙白室內裝修設計工程有限公司

3. 賦予立面與走道價值

為立面、走道創造使用效益時，可在設計造型之中藉由鏤空再生空間，輔以櫃體、層板等增加使用機能，讓走道與立面擁有意想不到的機能和美感。以此案為例，屋主本身很喜歡登山，享受去看看高山、湖泊、天光的時刻，設計者以其生活背景作為靈感，將登山過程會看見的景象融入設計中。利用各種曲折連綿路徑，以及一座座小山洞，在空間裡創造有如登高山漫步之趣味。每個洞室看似分開但透過弧線立面串聯地板，依序界定出玄關區、休憩區、吧檯區等各個屬域，形成分而不隔的布局層次，同時它還隱含了引導動線功能，有方向性的引領使用者，可以朝室內的各個空間走去。

創造登山的既視感，並藉此布局下行走動線，讓入室的過程變得有趣。
圖片提供＿ FUGE GROUP 馥閣設計集團　攝影＿李國民空間攝影事務所

半高電視區分公私領域，形成洄游走道動線

室內坪數：**32 坪**
居住成員：**2 大人**
原始格局：毛胚屋→完成格局：**3 房 1 廳 2 衛**

文＿ Jessie 資料暨圖片提供＿橙白室內裝修設計工程有限公司

本案為毛胚屋，僅有廚房與衛浴空間有隔間，橙白室內設計將住宅分為一半公領域，一半私領域，但兩者中間無可避免地會出現走道，於是設計師將電視牆立於公私領域中間，以半高牆形式設計，讓視線可以延伸穿透。電視牆的高度與寬度依據現場設定，走道側邊搭配機能展示櫃體與暗門設計，形成既寬闊又有趣的回字型動線。玄關區設計可以走進去的儲藏室跟鞋間，由於穿透性不佳，設計師也在隔間設計兩個細長玻璃透光面，營造穿透視覺。此外，將吧檯設置於牆面並連接到餐桌，同時配置水槽，讓業主在吧檯區域可以洗水果或泡咖啡，就不用再跑進廚房。

before｜問題

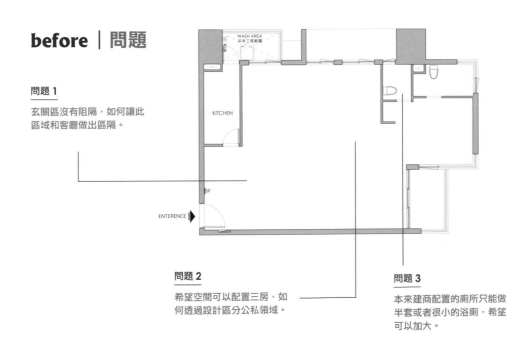

問題 1
玄關區沒有阻隔，如何讓此區域和客廳做出區隔。

問題 2
希望空間可以配置三房，如何透過設計區分公私領域。

問題 3
本來建商配置的廁所只能做半套或者很小的浴廁，希望可以加大。

after ｜ 破解

破解 1

玄關處設計可以走進去的儲藏室與鞋間,並在隔間設計兩個細長玻璃透光面,同時以端景櫃作為玄關和客餐廳的中間阻隔。

破解 3

設計者拉長衛浴空間尺度,讓住宅保有兩整套完整衛浴空間。

破解 2

刻意將電視牆設立於公領域接近私領域的中間地帶,形成既是機能又是走道的回字型動線。

Point ｜動線設計關鍵

半高牆形塑機能走道

為了將公私領域區隔開來,設計者不額外建構隔間,反而利用半高牆形式設計電視牆,立於公私領域中間,讓視線可以延伸穿透,走道側邊搭配機能展示櫃體與暗門設計,形成既寬闊又有趣的回字型動線。

延伸相同塗料，形塑質感廊道

室內坪數／ 50 坪
居住成員／ 1 大人
原始格局／ 3 房 2 廳 1 廚 2 衛→完成格局／ 2 房 2 廳 1 廚 2 衛

文__ Jessie 資料暨圖片提供__隱作設計

業主很喜歡淺色北歐風，但擔心與市面上多數案例太過相像，於是設計者以低調沉穩的氛圍作為空間主基調，將空間的木頭色調拉深，營造成彷彿居住在山林的自然色。像是牆面的木紋選擇山紋大的實木貼皮，地板會則是選用紋路稍微花俏一點的大理石，讓業主的居住感受舒適，又不會太華麗。原格局因為中間有一條完全避不掉的走道，設計者將電視牆轉移到走道處，並以相同藝術漆作為立面材質，透過同色系色調延伸走道，順應空間原有缺點，轉化為特點，以此串聯整體空間。

before │問題

問題 1

原格局有一處避不掉的 L 型廊道，而客廳後方以玻璃隔間建構書房，又再形成另一段小廊道。

問題 2

主臥房天花板有一支大梁經過，因業主有居住風水上的考量，必須想辦法避開。

動線 VS 家庭成員思考

只有一人使用的住宅，在動線與空間使用的調度上自由許多，業主希望回到家可以放鬆，不喜歡過度華麗的住宅設計，因此設計者選擇白色藝術漆，並搭配相同基調質感的材質，讓業主回到家中可以感受到舒適氛圍。

after ｜ 破解

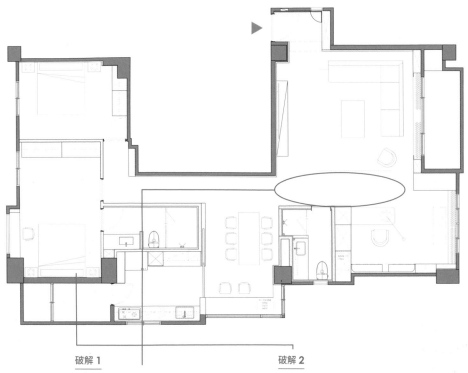

破解 1

順應空間原有的走道，透過塗料材質做一致延伸，串聯整體空間，並將客廳後方的玻璃隔間牆打開，創造寬闊動線。

破解 2

設計者運用 3D 弧形木作靠板的兩側轉彎處避開梁，消除天花板大梁經過主臥床頭的問題。

Point ｜ 動線設計關鍵

轉化長廊缺點為特點

由於原始格局具備避不掉的通道，設計者利用相同材質延伸立面，讓人行走於其中，並不會覺得被切分在不同的空間領域，運用塗料一路延伸，將大多數人認為的長走廊缺陷轉化為住宅質感特點。

1.2. 將電視牆的位置改變放置於走道上,讓走道具備機能。

3. 利用藝術漆延伸立面,讓人行走於走道時,並不會感到切分在不同領域。

(Detail) 設計細節

4.5. 以自然實木木紋為整體設計，營造天然舒適氛圍。

6. 原本業主希望書房隔起來，但考量平時業主只有一人居住，設計者建議書房做開放式，讓空間整體視覺看起來更廣闊。

7.8. 設計者運用 3D 弧形木作靠板的兩側轉彎處避開梁，解決風水問題，床頭設計背打光加上閱讀燈設計，讓業主可以在床上使用手機與閱讀書籍。

消弭走道動線

過於狹長的走道容易浪費空間，因此將走道與其他空間整合在一起，藉此提升空間的使用效率。例如在客廳的沙發區旁邊設有書房區域，同時也作為儲藏空間和往餐廚的走道。當走道寬度足夠，不僅可以確保通行的便利性，也不會造成相互干擾的問題。倘若場域內有大片落地窗的設計，更能突顯出寬敞感，這樣的設計手法不僅能提升空間實用性，也能巧妙勾勒出立體的層次和流動感，讓整體空間更具有深度和韻味。

1. 透過空間機能交疊消弭走道

觀察原有格局出現走道後，設計師讓空間相互交疊，巧妙消除走道的存在，形成客廳、書房與餐廳精簡且自然流暢的場域轉換，也讓行走動線更加寬敞。融入了手感豐富的樂土牆面和沁涼湛藍的水晶石牆，木質紋理的溫潤和設計燈具的搭配也為空間增色不少，另外前後端的燈光設計能夠無障礙的串聯，放大無盡的穿透視感。

低調且個性的傢具擺放使空間更具品味和質感，天花的挑高圓弧設計也與動線相串聯。

圖片提供__相即設計

2. 適合什麼樣的格局、坪數？

在 20 坪左右的空間內，設計師常採用消弭走道的手法來改變傳統住家格局，例如在電視牆和轉角牆面使用相同材質拼貼，虛化隔牆並內退走道軸線，同時放大了空間的尺度。餐廳區域則可利用轉角延展橫向軸線，整合展示櫃和輕食吧檯區，大幅提升收納機能。另外也能在公領域採取深淺材質面塊，透過明暗的對比強調出內外分界的隱喻。

圖片提供__相即設計

將不同屬性的區域依附在動線底下彼此產生關聯性，再以材質拼貼深淺作為空間區隔。
圖片提供__相即設計

3. 什麼樣的格局該消弭走道

在空間配置中，當遇到坪數小或格局方正卻有狹長的廊道時，容易對整體動線的使用及光線產生不良影響。所以在重新調整格局時，適合使用消弭走道手法，除了可以放大空間視覺感，也能有效援引更多光線到室內，讓空間視線能從公領域自然地延伸至客廳甚至餐廳，並採功能隨形的手法，進一步消除冗長的走廊帶來的壓迫感。

before

藉由消弭走道手法，打開原本封閉的廚房，並讓主浴變客浴。

圖片提供＿相即設計

after

打開廚房隔間後，不僅創造開放式廚房，還同時串聯客廳與餐廳。

圖片提供＿相即設計

4. 櫃體規劃拉齊動線

當動線與壁面梁柱和天花板框線保持水平時，能營造出空間上的和諧統一。適合將櫃體沿牆規劃，如採用半矮櫃時，上端平台方便放置隨手雜物，也可作為展示區域，儘管體積不大，卻能滿足坪數所需；或者與壁櫃結合的展示區，透過其深度，適合收納各類書本與展示品，進一步讓空間保持整齊與乾淨俐落。

打造貼壁式櫃體，巧妙補齊大梁下的內凹畸零地，增加動線流暢度。

圖片提供＿相即設計

145

消弭臥房走道結合中島餐廚，形成回字動線

室內坪數／35 坪
居住成員／2 大人 1 小孩
原始格局／4 房 2 廳 1 廚 3 衛→完成格局／3 房 2 廳 1 廚 2 衛

文__吳念軒　資料暨圖片提供__十弦空間設計

原四房格局，超過家庭成員的使用需求，多出的臥室導致廚房與餐桌放置位置不佳。加上家中常有親朋好友的聚會需求，業主期盼客、餐、廚三處的空間動線能夠通行無阻、彈性互動。設計師採用翻轉空間場域的方式，將廚房移至居家的中心位置，將走道變身連貫性機能區：廚房側邊為冰箱、電器、收納櫃，另一面則是客廳的壁爐展示櫃，雙機能面接續串聯中島與餐桌，既是走道又是空間場域的超坪效運用，形成回字型動線，滿足屋主期待客餐廚動線的流暢與彈性。

before｜問題

問題 1

原格局臥室位置，形成走道空間過大，也影響餐廚的安置。客廳的位置形同獨立隔間，與其他空間的互動性十分薄弱，如何將客廳與餐廚空間的動線串聯起來，同時兼顧機能性。

問題 2

原有四房雙主臥格局，超過居住成員的使用需求，使整體格局顯得封閉，採光受到阻擋。

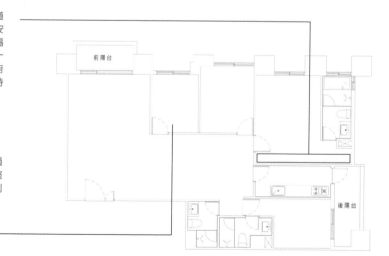

after｜破解

破解 1

消弭臥房走道，併入原有廚房位置形成儲藏室，並將廚房移至居家的中心位置，結合中島餐廚，形成回字動線。

前陽台

REF

STORAGE

後陽台

破解 2

釋出鄰近客廳的臥室，一部分加大客廳空間，一部分成為開放式書房，開放後的空間，光源引入餐廚，經整合後的公領域，解決廚房餐桌的擺放，也改善了採光不足的問題。

Point ｜動線設計關鍵

消弭臥房畸零走道，中島餐廚串聯客廳

拆除原先位於主臥的隔間牆，以消除無用走道，重現打造一間儲藏室。將廚房移至住宅中心位置，專為業主生活型態打造回字動線，當親朋好友聚會時，業主能輕鬆地在廚房、客廳、餐廳間往返。

打開隔間消弭走道，空間坪效大增

室內坪數：25 坪
居住成員：2 大人
原始格局：2 房 2 廳 2 衛 1 廚→完成格局：1 房 2 廳 2 衛 1 廚

文__ Aria 資料暨圖片提供__當土設計

為了喜愛下廚料理的業主，拆除又小又封閉的廚房，同時在空間中央設置中島，爐灶區也向外挪移，沿牆更安排整面的餐邊櫃，原本 3 坪多的廚房擴增至近 5 坪，空間更大更好用，消除原先的走道，進而與客廳、餐廳串聯。中島四周留出走道，不僅形成方便行走的回字動線，業主與親友也能圍繞在中島邊下廚、邊談天，成為空間的社交中心。將客廳與臥室對調，只留下一間主臥，挪動主臥後，門片改採隱形設計，與牆面融為一體，避免多餘的切割線條，盡可能形成連續性的簡潔視覺，有助延展空間。

before｜問題

問題 1

僅有 18 坪卻隔出兩房，再加上廚房也全然封閉，空間被分割變得又小又窄，採光也被隔牆阻擋，還形成走道浪費空間。

問題 2

原本兩房臥室坐擁大量採光，再加上位處高樓的優勢還能看到城市的天際線，美好景色隱藏在臥室未免可惜。

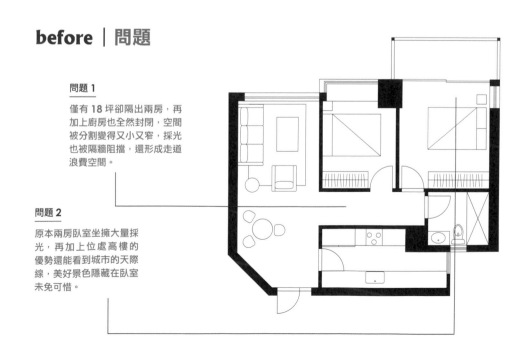

動線 VS 家庭成員思考

考量到只有兩人居住，拆除無用一房，讓原本窄長的客餐廳能延展空間縱深，再加上鄰近大窗，採光也能深入室內，明亮空間的同時也能有效放大。調動後的主臥則特意拉長縱深，就多了更衣間可用，完善收納機能之餘，更衣間更運用拉門，全然敞開的設計讓主臥保有開闊感。

after｜破解

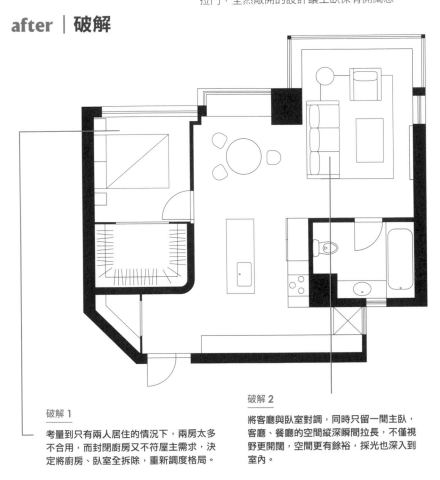

破解 1

考量到只有兩人居住的情況下，兩房太多不合用，而封閉廚房又不符屋主需求，決定將廚房、臥室全拆除，重新調度格局。

破解 2

將客廳與臥室對調，同時只留一間主臥，客廳、餐廳的空間縱深瞬間拉長，不僅視野更開闊，空間更有餘裕，採光也深入到室內。

Point ｜動線設計關鍵

打開封閉廚房隔間消除走道

封閉廚房改開放消除原有走道，並在空間中央增設中島，兩側保留走道形塑回字動線，特意將中島擴展至空間中央，即能拉近與客廳、餐廳的動線，三區形成串聯，藉由流暢動線維繫親密的社交互動。

1.2. 拆除採光、視野最好的南向兩房,改為客廳與餐廳,廚房捨棄封閉隔間,特意將中島擴展至空間中央,即能拉近與客廳、餐廳的動線,三區形成串聯。

3. 在通往客廳的主通道上,走道特意拉寬至95公分,牆面也採用弧形,不僅有效延伸入門視覺,達到美化功效,也能避免牆角突出,來往行走更寬敞自如。

5.6. 運用壓克力與開放櫃分割上下窗景，無形聚焦上方 3 米長的大窗，不同形式的櫃體也具備展示與收納作用。

7. 廚房挪動冰箱與爐灶，一側則安排整面的餐櫃，中央更增設中島，方便屋主下廚的同時，又能與親友互動，打造賓主盡歡的社交中心。

8. 挪動主臥，增設 2.4 坪的更衣室，能收納大量衣物，同時採用百葉拉門，維持通風對流，也能隨時敞開，延展空間視覺。

十字型動線

十字型動線意指在規劃格局時，以可到達各機能空間的十字路線作為主要動線，減少因動線轉折造成的空間浪費，為室內格局爭取最大使用坪效。十字主動線要串聯各區塊小動線，可將十字動線的中心點當作水龍頭開關，以直線串聯的方式將各小動線延伸至十字動線，就可以最不轉彎的路徑，打造出高空間使用效率的不浪費動線。

以十字型動線爭取浪費走道空間，整合各機能區域在咫尺之間。

圖片提供＿寬象空間設計

1. 適合什麼樣的格局、坪數？

室內格局需相對方正才能成就十字動線。而大坪數空間可創造的動線形式較多，小坪數格局相對要更有效率使用每一寸空間，因此小坪數空間更適合規劃出十字簡潔路線，來串聯起家中每一個空間。

使用十字型動線避免進出彎角，為室內空間爭取最大使用效率。

圖片提供＿寬象空間設計

2. 尺寸規劃

十字型動線的寬度至少需要 90～ 100 公分寬，讓路線上兩人行進可順利通過最佳。動線上不要創造太多櫃體，以免使用櫃體收納時造成動線阻礙，影響行進速度與製造危險。路線上的櫃體或傢具，盡量修飾成圓弧角或斜角，避免碰撞造成家庭成員受傷。

動線上櫃體避免尖銳直角，以免行進碰撞造成傷害。

圖片提供＿寬象空間設計

簡潔動線整合機能，減少空間浪費

室內坪數：20 坪
居住成員：2 大人 1 小孩
原始格局：3 房 1 廳 1 廚 2 衛→完成格局：3 房 2 廳 1 廚 1 衛

文＿田瑜萍　資料暨圖片提供＿寬象空間設計

坪數不大的室內空間，除有廚房動線轉彎、浪費走道空間，還有使用面積逼仄狹小的問題，原格局設有兩間衛浴，但使用空間過小，靠近廚房應是客臥的空間卻大於主臥面積等問題。寬象空間設計利用十字路線確立動線，設置玄關鞋櫃爭取一樓格局的室內隱私，合併兩間衛浴，拆解浴室、廁所與洗手檯三件套設備各自獨立，將洗手檯設於走道底端，兩邊各為廁所與浴室，增加使用彈性，也為主臥爭取較大空間，並順勢理出小孩房空間。廚房以卡式座位搭配固定桌面，爭取出書房空間與放置鋼琴，還能在客廳設置貓跳台，營造出友善人寵空間，完成屋主各種需求。

before｜問題

問題 1

原格局的廚房動線轉彎過多，行進動線彎折形成的走道空間浪費，且使用面積過小，希望能加大廚房面積降低封閉感，並可收納各式廚房家電。

問題 2

原格局衛浴雖有兩間可使用，卻占據過多室內空間，單間使用起來也屬狹小逼仄且無乾濕分離，無論使用或清潔都不方便。

問題 3

業主夫妻有書房空間，小孩房與放置鋼琴等空間需求，且天花板高低交錯、採光陰暗，希望能有更多的收納空間。

Entrance

after｜破解

破解 1

以十字動線定錨行進路線的中軸線，退縮三房其中一房的部分空間，以固定餐桌搭配卡式座位可減少單邊出入動線所需的過道，讓出書房空間，中間以木框窗戶的彈性隔間，為廚房爭取採光也能與外界保持互動。

破解 2

將浴室、廁所與洗手檯拆解獨立，增加使用彈性也順勢形成乾濕分離，降低打掃難度。空間需求較小的洗手檯位於動線底端，拉大動線視野。

Entrance

破解 3

以鞋櫃搭配洞洞板、長虹玻璃設置玄關，保護家中隱私爭取採光，沿此動線底端的書房門也設置玻璃門，讓光線通道貫穿，拉大室內明亮度。

Point ｜動線設計關鍵

十字動線整合過道，搭配固定傢具

廚房動線設計不良，產生因轉彎過道造成空間浪費，坪數小的格局更不能讓動線白白浪費可使用空間。以十字動線整合走道空間集於一處，將動線底端設置各機能區塊的入口，並搭配固定式傢具釋放更多活動空間。

減去一房、優化動線，
破除既有格局疆界

室內坪數：22 坪
居住成員：2 大人
原始格局：3 房 1 廳 1 廚 2 衛→完成格局：2 房 2 廳 1 廚 2 衛

文__ Acme　資料暨圖片提供__溫溫設計 Wen×Wen Design

這是一間常見的三房兩廳格局，細看平面會發現到，當初建商為了多製造一房，硬生生將室內做了細分，溫溫設計 Wen×Wen Design 團隊明白，有限坪數下，若延續三房形式，住起來還是少了舒適性，提議將原本三房轉變為兩房，並加強機能重疊性的設定，讓空間能有效地彈性運用。騰出來的空間讓渡給餐廳和廚房，再以開放式布局搭配十字型動線與客廳連成一氣，不僅整個公領域變得寬闊明亮，也創造出流暢的使用動線。相關的機能分布在側，冰箱緊鄰廚房，餐廳展示層架同時兼具事務櫃，角度一轉、物品一移，屋主即可無縫接軌進入料理、用餐，甚至是工作的情境中。

before │ 問題

問題 1

雖是三房兩廳格局，但其中的一房間既顯「憋屈」，還連帶壓縮到其他的生活空間。

問題 2

原本主臥房門正對著次臥，形成一處畸零地帶，再者原先建商配的主衛形式不符合屋主的使用需求。

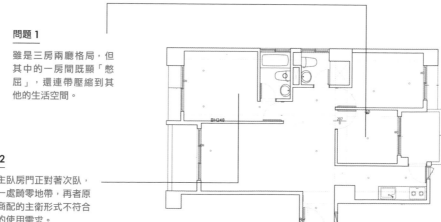

動線 VS 家庭成員思考

裝潢前，業主提出兩大人共住的前提下，有兩房的迫切需要，再者也冀望能有一間書房，以滿足在家工作的需求。減一房的空間讓渡給餐廳和廚房，再以十字型動線串聯客廳，進而創造出流暢的使用動線。

after｜破解

破解 1

將原本三房轉變為兩房，客餐廚、主臥衛浴，皆以整併手法分別將空間、機能整合於同一軸線上，與大門入口主動線形成十字型動線，讓業主自在轉換使用區域也不會感到侷促。

破解 2

設計師將房門移至另一側，釋放出來的坪數用來擴充主衛浴，真正做到乾濕分離，也將泡澡、淋浴分開，各自獨立又寬敞，使用也更順暢。

Point｜動線設計關鍵

開放布局搭配十字型動線，自由切換生活場景

整併空間的同時也連帶適時調整主臥的出入口，剛好和立面隔間配置於同一水平面上，並與大門出入口巧妙形成十字型動線。此外，刪除一房並加以擴大餐廳、廚房地域，讓業主可以隨需求切換吃飯、工作、料理等生活場景，發揮空間的彈性轉化。

1. 客餐廚、主臥衛浴整合於同一軸線上，與大門入口主動線形成十字型動線串聯空間。

2.3. 客餐廚三位一體整合一起，在空間感與視覺上都獲得最大值。電視櫃、展示櫃收於側邊，解決收納、陳列問題，卻又不破壞公共區的尺度與延伸感。

4.5. 此處有道橫梁，再加上也是冷氣風管必經之地，團隊利用弧線加以修飾，設計更具意義，亦展現出更靈活多樣的居家樣貌。

6. 餐廳區的層架上半部擺放蒐藏，可作為餐櫃端景，下半部配有事務櫃，可收納文件雜物，藉此豐厚餐桌的使用厚度，即可用餐也可在這工作。

7.8. 主臥和主衛之間利用玻璃隔間來做銜接，既不破壞尺度也能增加通透感。

沒有使用硬性實體牆來隔間，而是透過天花板及地坪的高低差、材質變化與高度，勾勒出動線、劃分出領域。具模糊的邊界、視覺穿透性，讓使用者在空間裡，能隨不同需求來調整動線方向、領域的入口位置，生活在有彈性的空間裡。

抬高地坪

抬高地坪常用於轉換空間場域時，不刻意建立隔間，而是架高地板，讓人隱約感覺到需要把腳抬高，並知道自己正要前往另一個區域。以下圖為例，沿窗安排架高 30 公分的地板，藉此適應偏高的窗台，才有餘裕眺望窗外景色，串聯室內外，圈出悠閒自在的休憩空間。架高區下方同時含有收納功能，而且只要鋪上床墊，還能當作臨時客房使用，功能更多元。

窗邊架高地板，透過高低落差隱性劃分界線。
圖片提供__春計劃工作室

1. 適合用在什麼區域

不論是客廳、書房、臥房、多功能室、和室，都很適合使用抬高地坪作為隱性動線引導，且在抬高地坪的協助之下，能為住宅大幅增加收納空間，但衛浴空間由於地板相對濕滑，若再抬高地坪，可能會導致長輩或孩童出入不便，甚至引發跌倒意外。因此，不適合用於地板濕滑的衛浴空間。

利用地坪高低落差，整合玄關、用餐、料理、起居生活及睡覺的動線規劃。
圖片提供__大丘國際空間設計

垂直高度拉出生活動線，並強化收納機能

室內坪數／10 坪
居住成員／2 大人
原始格局／L 型開放空間→完成格局／1 房 1 廳 1 衛 1 多功能房

文＿林琬真　空間設計暨圖片提供＿大丘國際空間設計

設計師打造屋主喜愛的日式風，並利用架高兩個台階的高度，延伸出開闊的空間視野，且透過架高的深度擴充收納機能。將底部空間調整為1+1 房的多功能室，並以拉門彈性調節空間性，打開房門時，可與公領域成為一體的敞開空間，如果需要休息時，將門扇關閉，形成獨立的休憩區；主臥也結合拉門形式，平時可將門扇收整至電視牆區域，與公領域形成開闊的 L 型軸線。客廳地板與多功能室的地板鋪上榻榻米的設計，沙發則採單人床形式，可滿足家族成員入住的需求。

before｜問題

問題 1
原有的整體格局空間較封閉、狹長，沒有公私領域的區隔。

問題 2
如何讓臨時居住的家人有睡覺空間。

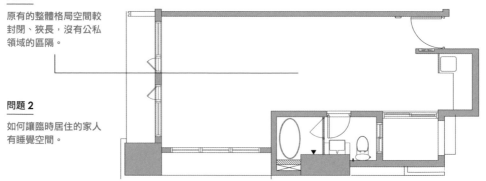

問題 3
空間太小，牆面不適合做高深的收納櫃。

after｜破解

破解 1

透過地板高度落差，拉出層次高度；其中一房調整為多功能室，以活動式拉門彈性調整成開放或封閉場域。

破解 2

客廳的地板鋪榻榻米、沙發規劃單人床形式，而多功能房兼具客房功能。

破解 3

利用架高地台的深度做收納，可收放平時不常使用的物品。

Point ｜動線設計關鍵

彈性日式空間設計，架高地板整合收納

以架高地板區隔入口、用餐、起居與休息空間，從餐廳區開始架高地板，讓視覺有延伸的效果；於主臥入口與多功能房設計彈性拉門，平時可將臥室拉門收整於電視牆，再將多功能房門片拉開，即可形成全然開闊的空間。

抬高地坪區分公私領域串聯動線

室內坪數／ 19 坪
居住成員／ 2 大人
原始格局／ 2 房 1 廳 1 廚 2 衛→完成格局／ 1 房 1 廳 1 廚 2 衛

文＿賴姿穎　空間設計暨圖片提供＿屮空間設計　攝影＿ DAMU ｜空間攝影

玄關區由於上方有大梁經過，天花板壓低至 2.2 米左右，刻意以深色縮聚空間感，從客廳、主臥房到更衣間採用沒有門扇的設計，運用半牆、格柵與架高地坪定義出每個區塊，將動線調整至窗邊，完整享有三扇窗的陽光，並讓動線成為空間的一部分。電視櫃組整合了生活空間中的收納量體，面向主臥房為開放式書櫃與收納櫃；面向客廳為電視牆，平台作為機櫃並延伸為座椅，加上一張餐桌、一盞吊燈，即為用餐區或閱讀區；轉個方向到廚房門口，就是放置廚房電器的收納櫃，櫃組整合充分發揮收納功能，同時也是區域之間的隔屏。

before ｜問題

問題 1
原有臥房被隔間區分為怪異形狀，需要大幅調整。

問題 2
主要的光線被主臥的隔間牆完全遮蔽住，整體空間缺乏採光，相當暗。

動線 VS 家庭成員思考

兩個人使用的空間無須劃分為兩房格局，將主臥房與更衣間合一，並保留儲藏空間作為主要收納區，讓生活空間的畫面更清爽乾淨。動線穿過玄關進入客廳是一個燈光慢慢變亮的過程，空間感也隨腳步深入變大。臥房透過不設門扇的設計將區域面積開放出來，同時也能維持空間的通透與明亮。

after ｜破解

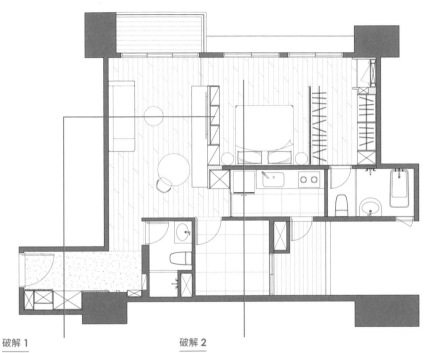

破解 1

拆除封閉的頂天牆面，以機能性半高牆作為區域劃分，不規劃房門，保持空間的流通性。

破解 2

不設門扇的設計將區域面積開放出來，並以架高地坪定義區塊，同時也能維持空間的通透與明亮。

Point ｜動線設計關鍵

架高地坪暗示區域變換

小坪數時常使用開放或半開放性的設計手法，公私領域的轉換除了有隔屏的部分遮蔽，架高木地板也具有暗示性，能避免客人隨意闖入。將走道安排在靠窗側，讓動線自然融入空間的一部分，不浪費任何坪數，加上無門設計，使每個區域享有三面窗的亮度。

1.2. 架高木地板具有區域暗示性,電視櫃面向主臥房為開放式書櫃與收納櫃;面向客廳為電視牆,從電視櫃體延伸出用餐區。

3. 踏上架高地坪,馬上就從公領域轉到私領域,主臥房類似和室設計,直接放上床墊就是舒適的睡眠區。

Detail 設計細節

4. 客廳望向玄關是一幅端景，設計簡約櫃體展示獨特品味。

5. 匠心別具的轉角展示平台，塑造獨特的角落氣質。

6. 玄關櫃體採用深色圍塑緊縮的空間感，放大進入客廳的視野。

7. 從客廳、臥房到更衣間，空間與開口逐漸變小，顯示不同隱密性。

地坪材質變化

設計師最常用來界定空間的方式不是透過隔間牆，而是改變地坪材質，且經常使用於玄關與客廳的交界處，除了當作玄關落塵區外，還有引導動線的效果。不過，地面的異材質接合須注意鋪設工法的差異，假如地面運用石英地磚與木地板兩種材質，必須先精算材質厚度，施工時才能達到平整的效果，且須注意兩者交接處的收口問題，以及是否出現高度差。木地板若與水泥、石材相接時，須先施作石材或水泥地坪，並以夾板事先區隔出範圍，才能有效屏蔽泥水外流。

弧形地坪透過異材質串接，讓區域間的轉折更加柔和，不僅能界定區域，還能引導動線。
圖片提供＿參拾柒號設計

1. 適合用在什麼區域

地面材質的選擇除了表現視覺的感受之外，也能提供足部的觸感，甚至作為空間界定的中介。適合用在玄關與客廳、公私領域、廚房與客廳、餐廳與客廳等交界處，都很適合轉換地坪材質，形塑隱性動線。特別是沒有獨立玄關的住宅，利用改變地坪材質，一方面可以放大落塵區域，二方面可以當作動線引導，一舉兩得。

款式多元的磚材，可以做出燒面、霧面或拋光面的磁磚，使用同一材質運用不同顏色或拼法，也能形塑隱性動線。

圖片提供＿ metrics architecture studio ／龍霈工作室

相異地坪區隔動線同時延伸空間感

室內坪數／26 坪
居住成員／2 大人 2 小孩
原始格局／毛胚屋→完成格局／3 房 1 廳 1 廚 2 衛

文＿曾家鳳　空間設計暨圖片提供＿參拾柒號設計

因應業主生活需求，設計團隊從毛胚屋開始思量風格營造、動線規劃，首先以灰、黑、木色調營造出雅痞情調的高雅，並廣用弧形線條緩和空間剛強度；不論是分隔玄關與生活空間的玻璃磚牆，隨著光線從不同角度打出各式光影，還是在客廳設置海灣形沙發，在在提升空間的穿透感。至於格局方面，將屬於公領域空間的廚房挪移至前方，讓使用料理空間的人也能與其他家人互動；本無明顯玄關區的空間格局，無法創造「自家」與「外處」空間的轉換，故設計團隊巧妙地以特殊塗料地坪切分落塵區，此地坪更一路延伸至廚房，創造出空間延伸感。

before｜問題

問題 1

此案空間格局偏屬狹長，空間開拓性不加，為了貼切業主喜好的生活模式，首重追求營造寬敞而舒適的生活感，以放大視覺生活效果。

問題 2

因家族成員有極大的收納需求，簡潔與繁雜物品收納該如何雙全是設計師的一大考量。

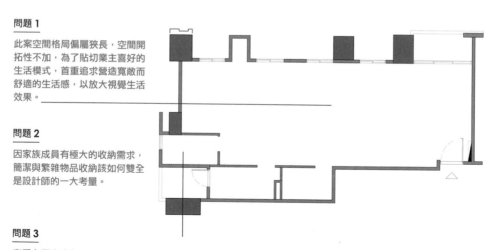

問題 3

廚房在原有建商空間配置中，卡在房子格局中的最末端，不僅隔離主要公領域生活空間，更讓公有空間被切割地略顯凌亂。

after ｜ 破解

破解 2

公領域牆面除了採光區窗戶、投影區牆面外皆設置了充足的層板以滿足多量的收納需求。

破解 1

利用玻璃磚牆巧妙打造出一處玄關，並透過轉換地坪材質形塑動線。

破解 3

餐廚區位置與原有衛浴對調後，不僅將公領域位置集中，更利用統一地坪色澤從玄關處延伸至廚房，擴大整體視覺效果。

Point ｜動線設計關鍵

弧形異材質地坪暗示動線

從玄關地坪所呈現的流線型、天花板大梁的弧形修飾不僅達到暗示動線的效果，更是減低空間壓迫性重點關鍵；更具巧思之處在於收納櫃體以面板配搭開放式層板，並在尾端以弧線轉折，排除稜角的剛硬性。

改變地坪材質創造區域對比

室內坪數／50 坪
居住成員／2 大人 2 小孩
原始格局／兩戶→完成格局／3 房 2 廳 1 廚 3 衛

文__ Jessie 空間設計暨圖片提供__尚藝室內設計

本案主要分成公私兩個領域，30 坪的區域為公領域，私領域為 20
坪區域。玄關區域以黑色磚材為地坪，在立面、天花板皆以同色系
磚材為設計，進入客廳則轉換為萊姆石顏色的磚材，形塑隱性動線。
破除傳統客餐廳的思維，不在客廳設置電視，也不在餐廳放置規矩
的餐桌椅，反而以家庭的生活感、彈性為主。設計者希望公領域有
更多可變性，因此將臥榻從客廳連接到餐廳，做了兩個層次的高低，
一邊以客廳沙發高度來設計，一邊以餐椅高度來設計，再利用原木
茶几串接兩處高低差。考量客廳應以家人互動為主，額外設置一間
獨立視聽室，從立面到天花板鋪抹特殊塗料，透過塗料紋理呼應外
在環境的光影，鋁門窗運用折疊式拉門，自然結合陽台與室內界線。

before ｜問題

問題 1

原有格局因為分戶導致隔間牆
很多，如何讓兩戶打通後的格
局與動線最佳化，且讓一家人
能夠時常聚在一起。

問題 2

兩戶地坪打通後，該選用同色
系材質，還是不同色系材質。

動線 VS 家庭成員思考

業主很喜歡鐵件，設計者因而延續公領域的萊姆石與鐵件當作設計主體，空間使用材質都是天然且具備功能，像是床頭立面背牆大面積使用萊姆石。此外，客廳區不放置電視的原因是希望家人互動不以電視為主，且沙發與餐桌椅的擺放能夠更加自由，不一定要面對電視擺放傢具。

after｜破解

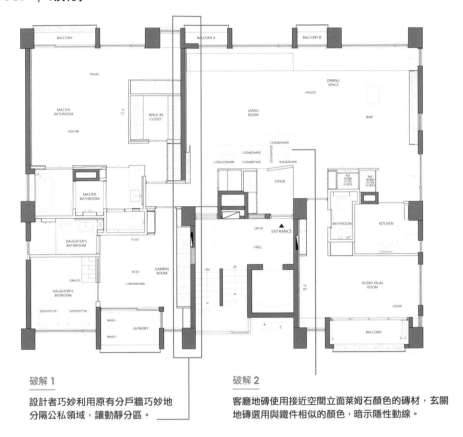

破解 1

設計者巧妙利用原有分戶牆巧妙地分隔公私領域，讓動靜分區。

破解 2

客廳地磚使用接近空間立面萊姆石顏色的磚材，玄關地磚選用與鐵件相似的顏色，暗示隱性動線。

Point｜動線設計關鍵

以相異色地坪引導動線

玄關區域到內廚房區域皆以近似黑色的磚材為地坪，甚至在立面、天花板以同色系磚材為設計；進入客廳則轉換為萊姆石顏色的磚材，不僅界定區域，還能達到隱性動線引導效果。

1.2. 玄關地磚選用與鐵件相似顏色，客廳地磚使用接近萊姆石顏色的磚材，引導人們往客廳方向前進。以傢具當作洄游中心，希望家人在客廳互動不以電視為主，而設置易於移動的沙發與餐桌椅，讓傢具擺放能夠更加自由隨興。

3. 主臥床頭立面背牆大面積使用萊姆石，延伸整體設計概念，連通浴廁。浴廁採用四間式設計，包含洗手檯空間、馬桶間、淋浴間、泡澡間，其中淋浴間開了兩扇門，想泡澡時能直接進入浴缸空間，泡澡結束後還能經由拉門回到臥房空間。

(Detail) 設計細節

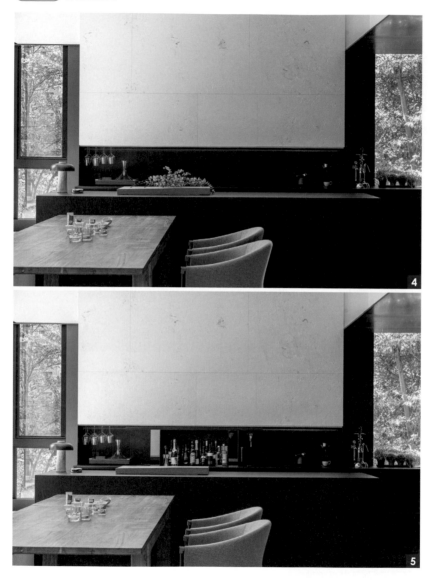

4.5. 家中大量使用萊姆石，其具備硅藻土調濕特性，能調節空間濕度。中島廚房藏有自動升降櫃，升降櫃自動升起即可使用拿取酒水，不須使用時將其降下，就能讓視覺乾淨俐落。

6. 更衣間除了具備橫向衣桿外，也能將衣服垂直吊掛於衣桿前方掛鉤，利於選擇搭配當天的服裝，也方便蒸氣整燙。

7.8. 設計具有安全感、包覆感，且不易受到干擾的獨立視聽室，為防蚊蟲飛入而架設電動蚊網，透過雙邊軌道可以自動升降到陽台欄杆。

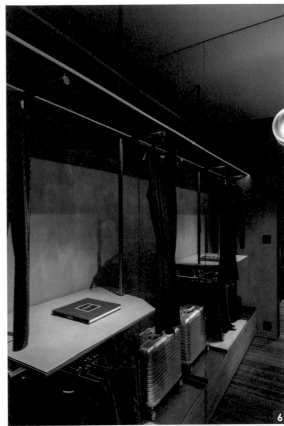

燈光引導動線

藉由在空間的櫃體門片、內部嵌入燈條或天花板、地面設置燈具等，不僅能營造出延伸感，也可作為引導動線的效果。例如嵌入燈條，將光源延伸至櫃體或牆面，能實現完美的空間分割效果，進而放大場域的視覺感；又或者透過視覺上的明暗對比來形成立體感的場域效果，為居家環境創造出合適動線。若要設計大面積的動線引導照明，通常會以燈條或者是嵌燈為主。以下方圖示為例，運用鋁條燈的線性照明與美耐板的分割結合，使走道產生科技感，同時具備燈光引導動線的效果。

廊道運用感應式鋁條燈，讓人在經過時，照明會自動亮起，達到引導動線的效果。
圖片提供＿橙白室內裝修設計工程有限公司

1. 適合用在什麼區域

天花板、廊道、走道、臥房都能透過燈光形塑隱性動線，不過要注意有些住宅格局的梁很多，或者大梁剛好卡到兩個空間，若是要使用鋁條燈，將會導致卡兩邊的形式，導致照明或引導動線的效果不佳。將燈光設置於空間的長邊，不僅能拉長視覺空間感，還兼具引導動線的效果；反之，如果設置於空間的短邊，就只剩下照明與造型的效果。舉例來説，廊道立面底部裝設 LED 嵌燈，扮演夜晚時分動線引導與氣氛營造的作用，壁面設置夜燈，搭配書架、收納櫃與中島下方，高度為腰部以下的細燈條，定時亮起往地面投射，作為夜間如廁動線導引。

走廊上的定時燈光宛如夜晚指示方向的路燈，只要透過適當的照明設計，能夠安全指引動線。
圖片提供__日作空間設計

搭配燈光，透過水平和垂直線條的相互交織，並融合材質、色調和燈條光影的變化，巧妙為設計增色。
圖片提供__相即設計

鋁條燈串聯動線與場域

室內坪數／36 坪
居住成員／2 大人 2 孩子
原始格局／3 房 2 廳 1 廚 2 衛→完成格局／4 房 2 廳 1 廚 2 衛

文__ Jessie　空間設計暨圖片提供__橙白室內裝修設計工程有限公司

由於業主喜歡科技感的設計，所以住宅運用鋁條燈設計做照明與動線引導設計，像是廊道就利用感應式鋁條燈，讓人在經過走道時，照明會自動亮起，以及玄關轉角處，將時鐘結合鋁條燈做造型設計。原先格局只有三房，但因為業主有書房與儲藏室的需求，於是設計者拆除客廳後方隔間隔出書房空間，同時在書房與孩子房之間隔出儲藏空間。將客廳與書房透過石材牆和書桌結合在一起，在牆面上方以灰玻造型做出穿透又朦朧的造型，讓兩個空間不會那麼封閉。主臥一進門的左右兩側設計為嵌入衣櫥，以玻璃櫃的方式設計，讓空間充滿穿透性。

before｜問題

問題 1

業主需要四間房，如何將三房增加為四房。

問題 2

客衛浴缸占了太多空間，希望可以將坪數挪至他處使用。

after｜破解

破解 1

在客廳與原有次臥之間增加一間書房，滿足業主需求。

破解 2

將客衛隔間向內退，加大餐廳可用區域，讓用餐更加舒適。

Point ｜動線設計關鍵

鋁條燈形塑空間動線

從進門的天花板開始就利用鋁條燈照明作為隱性動線引導，並讓視覺更開闊，甚至達到畫龍點睛的效果，也在廊道設置感應鋁條燈，可隨人的走動明滅，同時在廊道做暗門設計，讓走道空間更具延展性。

以光引導動線，呈現科技感未來宅

室內坪數／30 坪
居住成員／1 大人
原始格局／3 房 2 廳 1 廚 2 衛→完成格局／3 房 2 廳 1 廚 2 衛

文＿程加敏　空間設計暨圖片提供＿太硯室內裝修有限公司

本案的業主職業是一名工程師，在購入 30 坪的新居後，希望居家風格能呈現新穎的未來感，設計師以電影《創：光速戰記》為靈感，以質樸的礦物塗料為基底，結合豐富多變的燈光，利用光線引導公領域接壤私領域的動線，在材質上結合鍍鈦金屬與鏡面材質，巧妙地揉合了溫暖的質感與現代科技的元素，設計出具有空間主人個性的宅邸。考量到未來可能因為不同的生涯階段，而新增居住人口，設計上除了主臥之外，也規劃了另外兩個房間，可作為孝親房與客房，從玄關入門處即可看到完整開闊的公領域，順著光帶的框線引導，則可通往客衛與臥房，藉由動線串聯公私領域。關掉光帶後，可利用軟裝改變空間氛圍與個性。

before │ 問題

問題 1

原始空間為新成屋，業主希望空間可以寬敞明亮，不論是在客廳、餐廳或是廚房都可以擁有望向電視牆不會被阻擋的視角。

問題 2

主臥、孝親房、客房等三間房間尚未規劃收納空間，業主希望在自己居住的主臥室中，能以更衣間取代衣櫃收納衣物。

問題 3

考量日後可能會新增居住人口，希望在空間上能保有「加 1 房」的彈性，在未來有需求時可透過簡單的裝修滿足多 1 房的需求，從現有 3 房變為 4 房。

動線 VS 家庭成員思考

室內 30 坪的空間，目前僅業主一人居住，在規劃與使用上相對自由，設計上將廚房餐廳與客廳整併成一開放空間，使用多坐向的沙發，讓三五好友來訪時可隨意地歇憩。在主動線的天、地、壁埋入光帶，除了在設計層面帶出科技感外，也同時有界定空間，指示動線路徑方向性的效果。

after｜破解

破解 3

由於業主目前僅一人居住，3 房的配置已可滿足接待雙親、友人留宿的需求，因此在公領域的部分，僅設置鐵件置物架，若未來有需要僅需加兩堵牆，即可達成「多 1 房」的需求。

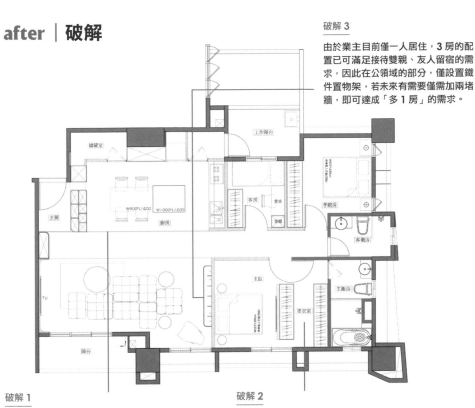

破解 1

為保有開闊的空間感，餐廚空間採開放式設計，在視覺上利用塗料塗布空間，使公領域視覺上更加完整而開闊，廚房中島連接餐桌，加上客廳選擇多坐向的沙發，為公共區域創造充滿趣味的回字動線。

破解 2

主臥空間設計師以兩座櫃體隔出更衣間，滿足居住者衣物收納的需求，孝親房與客房因為目前尚未有人居住，沿立面空間設置了櫃體，可滿足基本的收納量。

Point｜動線設計關鍵

在天地壁埋入光帶區隔空間、指引動線

通常運用燈光作為指引時，設計上會採用較為含蓄的手法，此案為了突顯宅邸的科技感，選擇以更直接的方式，運用光帶創造出「框」起空間的效果，當燈光亮起，客廳與餐廚空間有如兩個光框，突顯出通往私領域的動線。

1. 埋於天地壁的燈帶,賦予居家空間如「電腦視窗」般的畫面感。

2. 通往私領域的動線既是廊道,也是連接客廳與餐廚區域的中
介空間。

3. 公領域以大面積的塗料質感統合視覺,開放式的餐廚空間與
客廳透過廊道的連接,形成回字動線。

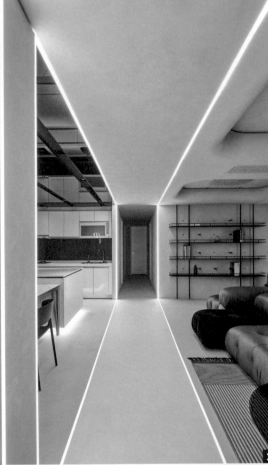

(Detail) 設計細節

4. 主動線上的光帶埋於天地壁中串聯成一線，同時也成為玄關入門處的端景。

5. 安裝前必須預留線路，選擇散光效果較佳的膜材，才能呈現理想的視覺效果。

6. 中島下方融入光帶設計，標示餐廚區域的地理位置，夜間開啟也具有導引效果。

7. 利用光帶引導動線的同時，也標示出家中專屬休憩放鬆的公共領域。

天花板引導動線

天花板設計除了作為造型修飾結構梁柱、賦予空間不同的語彙，它還有引導視覺動線的功能，能成為使用者的空間指引。這樣的設計手法通常運用在開放式的公共區域居多，為了不破壞整體的空間感、甚至造成視覺斷點，在設計上減少實牆，轉而借助行走於上的天花板來達到引導動線的目的，可以是從玄關進入室內的動線引導，抑或者步入室內後公私區的指引；另一方面若家中有孩童，這樣的設計手法也能減少兒童碰撞危險。

天花板及斜牆的指引下，先從玄關逐步進入空間再到室內的其他地方。
圖片提供＿ FUGE GROUP 馥閣設計集團　攝影＿李國民空間攝影事務所

1. 適合什麼樣的格局、坪數？

以天花板設計作為引導動線，格局、坪數不是影響的絕對條件，更應該要注意的反而是它的方向與位置。如果引導目的是希望使用者能看向室內的中島餐廳，除了利用線條做指引，還能藉由不同材質的表述達到聚焦用意，讓目光更容易停留於此。非目光聚焦區的天花設計則可以趨近於簡單、乾淨，甚至利用高低差和重點區域做一點區隔，延展視野之餘還能達到分割空間目的。

從天花板延伸至側面的斜牆，引領著視覺目光與動線，讓人能聚焦於中島餐廳之上。
圖片提供__ FUGE GROUP 馥閣設計集團　攝影__李國民空間攝影事務所

弧形天花搭配燈條引導動線

室內坪數／ 25 坪
居住成員／ 1 大人
原始格局／ 3 房 2 廳 1 廚 2 衛→完成格局／ 3 房 2 廳 1 廚 2 衛

文__ Jessie　空間設計暨圖片提供__隱作設計

本案的主要居住者只有一人，業主很在意住宅中的梁，且原先格局規劃
為三房，導致內部採光完全被房間隔絕，若是沒有開燈，空間會非常暗。
設計者建議打開多功能室的隔間牆，讓屋外陽光灑進來，同時拉齊立面，
整併原先曲折的動線。在進門處設置整排收納，緊接著是由暗門所延伸
的長形動線，天花板置入燈條，當作隱性動線引導。業主有許多書籍與
展品，因此設計者利用後退的距離做了收納展示書架，讓業主可以放書
或展示，牆面看起來具有平整一致性。

before｜問題

問題 1

進入空間抬頭會看到一根大梁，
業主希望天花板不要有過多高低
錯落，也希望樓板不要太低。

問題 2

原有空間因為隔了三間房，導致
住宅內部相當昏暗，再加上動線
有稜有角，多了一段畸零空間。

after｜破解

破解 2

打開多功能房的隔間,不設置實牆而
改用彈性推拉門,藉此引光入室。

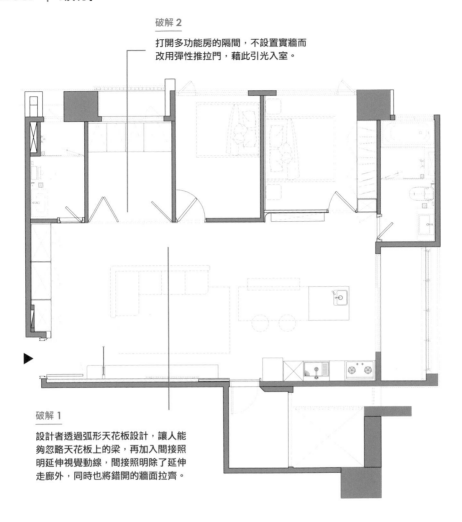

破解 1

設計者透過弧形天花板設計,讓人能
夠忽略天花板上的梁,再加入間接照
明延伸視覺動線,間接照明除了延伸
走廊外,同時也將錯開的牆面拉齊。

Point ｜動線設計關鍵

天花板照明引導動線放大空間

光的流動與天花板照明都可以引導動線,視覺會被延伸,設計上有時會用間接照明,有時則
用材質的變化,透過弧形牆面也能延伸視覺,當人站在空間轉角,就可以看出延伸感。

天花創造空間連續效果並拓寬視野

室內坪數／35 坪
居住成員／1 大人 3 貓咪
原始格局／3 房 2 廳 2 衛→完成格局／2 房 2 廳 2 衛

文＿Acme　空間設計暨圖片提供＿FUGE GROUP 馥閣設計集團　攝影＿李國民空間攝影事務所

這間新成屋原為標準的三房格局，為了讓人貓能真正零壓力的生活，做了設計上的微調。設計者將主臥、多功能室集中於房屋一側，其餘場域則形成一個完整開放的場域，環境中少了實牆阻隔，不僅讓人貓保有各自的生活空間，更滿足貓咪對環境的掌控。另一方面為了讓生活動線更明確，將中島餐廳視為空間主體，從玄關天花板延伸至側面的斜角牆，再透過曲面轉折至多功能室，不間斷的連續效果拉長了視覺比例；設計表現上先以白色做鋪陳，最後再運用木皮做收攏，為整體增添暖度之餘，也成功達到拓寬空間視野的用意。

before │ 問題

問題 1

原先的格局配置阻隔了區域之間的連結，連帶也讓使用與行徑動線稍顯不流暢；再者實牆隔間過多，也讓毛小孩們無法自在地生活其中。

問題 2

偶爾會下廚的屋主，希望能維持廚具吧檯的完整性，但烹煮時難免又會產生油煙，想藉由設計確保設備完整性，又不讓油煙溢散到其他區域。

問題 3

貓咪喜歡對空間有一定的掌握，再加上屬於天生貓人的牠們，也很喜歡躲在高處伺機而動，如何在環境中為牠們設置一區高處空間頗重要。

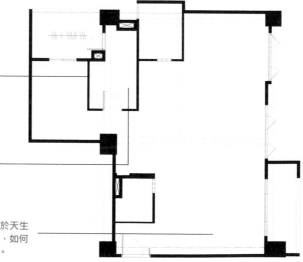

動線 VS 家庭成員思考

屋主是一名律師，他還養了 3 隻貓，由於居住者不單只有人，還必須兼顧貓咪的需求，因此設計者微調格局，公私領域各自一方並降低公共區的實牆比例，以開放、無死角動線進行串聯，貓咪們得以在各個空間自在地穿梭、追逐，而明確的公私領域劃分，也不會影響彼此的生活作息。

after ｜破解

破解 1

客廳、餐廳以及廚房之間沒有阻隔，透過傢具和設備進行串聯，無論是空間感或採光都變得更好了，貓咪們也能盡情在家中穿梭與追逐。

破解 2

廚房區域利用上軌道在 L 型廚具上方設置了一道拉門，當進行烹煮料理時，可偕同旁邊的落地拉門一併關上，烹煮完再開啟，既不破壞設備又能阻隔油煙。

破解 3

設計師利用電視牆的一隅規劃了一座貓跳台，這不僅是牠們的遊戲區塊，當牠們爬置上置高處時，可以俯視整體室內環境，加深另一層的安全感。

Point ｜動線設計關鍵

以天花、斜牆建構指引動線

為了讓人與貓使用更自在，設計者以無死角的空間設計來做回應，主要透過天花、斜牆作為動線指引，再搭配傢具、設備做區域上的界定，人使用起來舒適無礙，毛孩們在家也能自由地嬉戲活動。

1. 開放式手法串起了空間關係，輔以天花與斜牆設計，明確帶出行進方向，帶了點律動感也拉大生活尺度。

2.3. 設計師將天花板線條簡化並做了不同的高度處理，視野更好，整體也顯開闊。

Detail 設計細節

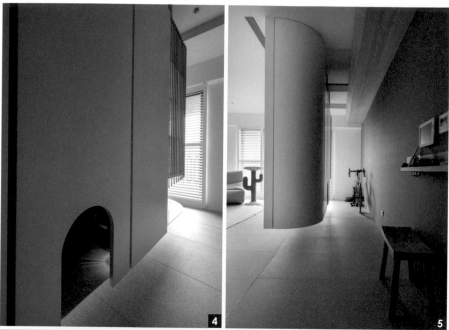

4.5. 擴大玄關尺度並與電視牆合併，利用雙面手法一邊是電視牆，一邊可置放鞋子、貓砂盆之餘，也是貓咪奔跑玩樂的跳台。

6. 廚房區域除了一道落地拉門，另利用上軌新增了另一道拉門，全閉闔能抑止油煙擴散，全展開又能維持廚具設備的完整性。

7. 利用斜牆空間設置了儲藏室，解決收納機能又讓住家顯得乾淨清爽。

8. 以斜牆作為進入多功能室的媒介，往內部走去可欣賞到屋主的公仔蒐藏。

Designer Data

欣磐石建築・空間規劃事務所
E-mail：cs.design@msa.hinet.net

太硯室內裝修有限公司
E-mail：more-in@more-in.tw

齊思設計
E-mail：minazo858@gmail.com

掘覺空間設計
E-mail：curtis7716@gmail.com

十幸制作
E-mail：10thing.design@gmail.com

成立室內設計
E-mail：cl668668@gmail.com

思維設計
E-mail：threedesign63@gmail.com

鉅程設計
E-mail：chucheng2010@gmail.com

大丘國際空間設計
E-mail：stuart@abmids.com

FUGE GROUP 馥閣設計集團
E-mail：hello@fuge-group.com

參拾柒號設計
E-mail：tomojay37@gmail.com

日作空間設計
E-mail：rezowork@gmail.com

爾聲空間設計
E-mail：info@archlin.com

寬象空間設計
E-mail：widedesign001@gmail.com

十弦空間設計
E-mail：archiprism51@gmail.com

尚藝室內設計
E-mail：shangyih.tc@gmail.com

維度空間設計
E-mail：service.didkh@gmail.com

Metamoorfose Studio
E-mail：contato@metamoorfose.com

泱禾設計
E-mail：yanghedesign@gmail.com

橙白室內裝修設計工程有限公司
E-mail：service@purism.com.tw

隱作設計
E-mail：Behind.interiordesign@gmail.com

SOAR Design 合風蒼飛設計×張育睿建築師事務所
E-mail：soardesign@livemail.tw

陳嘉民建築空間設計
E-mail：morris3858266@yahoo.com.tw

相即設計
E-mail：info@xjstudio.com

當土設計
E-mail：echo4work@hotmail.com

艸空間設計
E-mail：tt.aidesign@gmail.com

春計劃工作室
E-mail：739810211@qq.com

溫溫設計 Wen×Wen Design
E-mail：wenwen.design.tw@gmail.com

Masaaki Iwamoto/ ICADA + Masaaki Iwamoto Laboratory, Kyushu University
E-mail：info@icada.asia

metrics architecture studio ／龍霈工作室
E-mail：metricsworks@qq.com

湜湜空間設計
E-mail：hello@shih-shih.com

潤澤明亮設計事務所
E-mail：LIANG@LIANG-DESIGN.NET

ST design studio
E-mail：hello@stdesignstudio.com

蟲點子創意設計
E-mail：hair2bug@gmail.com

SOLUTION 148

國家圖書館出版品預行編目(CIP)資料

住宅動線全解：從使用者、格局、隔間、尺度、形式，徹底解析動線規劃/ i室設圈｜漂亮家居編輯部作. -- 初版. -- 臺北市：城邦文化事業股份有限公司麥浩斯出版：英屬蓋曼群島商家庭傳媒股份有限公司城邦分公司發行, 2023.05
　　面；　公分. -- (Solution ; 148)
ISBN 978-986-408-925-3 (平裝)

1.CST: 家庭佈置　2.CST: 室內設計　3.CST: 空間設計

422.5　　　　　　　　　　　　　　112004415

住宅動線全解

從使用者、格局、隔間、尺度、形式，
徹底解析動線規劃

作者	i 室設圈｜漂亮家居編輯部	發行人	何飛鵬
責任編輯	陳顗如	總經理	李淑霞
採訪編輯	王馨翎、曾家鳳、劉亞涵、田瑜萍、	社長	林孟葦
	Jessie、Acme、程加敏、李與真、	總編輯	張麗寶
	林琬真、吳念軒、賴姿穎、Aria	內容總監	楊宜倩
封面設計	Pearl	叢書主編	許嘉芬
美術設計	Pearl、Sophia		
編輯助理	劉婕柔		
活動企劃	洪擘		

出版	城邦文化事業股份有限公司麥浩斯出版
地址	104台北市中山區民生東路二段141號8樓
電話	02-2500-7578
E-mail	cs@myhomelife.com.tw
發行	英屬蓋曼群島商家庭傳媒股份有限公司城邦分公司
地址	104台北市民生東路二段141號2樓
讀者服務電話	0800-020-299
讀者服務傳真	02-2517-0999
E-mail	service@cite.com.tw
劃撥帳號	1983-3516
劃撥戶名	英屬蓋曼群島商家庭傳媒股份有限公司城邦分公司
香港發行	城邦（香港）出版集團有限公司
地址	香港灣仔駱克道193號東超商業中心1樓
電話	852-2508-6231
傳真	852-2578-9337
馬新發行	城邦（馬新）出版集團Cite(M) Sdn.Bhd.
地址	41, Jalan Radin Anum, Bandar Baru Sri Petaling, 57000 Kuala Lumpur, Malaysia
E-mai	services@cite.my
電話	603-9056-3833
傳真	603-9057-6622
製版印刷	凱林彩印股份有限公司
版次	2023 年05月初版一刷
定價	新台幣550元